全国高等院校艺术设计应用与创新规划教材

总主编 李中扬 杜湖湘

3DS max三维设计
实例教程

主　编　贾　琦

副主编　高健婕　吴　凯　龚君卓

编　委　（以姓氏笔画为序排列）

朱　力　朱　丹　孙　勤　刘伯山　杨尚志

吴　凯　何　俊　张　扬　周　麒　柯　森

秦　涛　贾　琦　顾亚静　贾成志　袁金玲

高健婕　唐　茜　龚君卓　黄喜雨　曾建业

黎　雄

WUHAN UNIVERSITY PRESS
武汉大学出版社

图书在版编目(CIP)数据

3DS max 三维设计实例教程/贾琦主编. —武汉:武汉大学出版社,2012.7
全国高等院校艺术设计应用与创新规划教材/李中扬　杜湖湘总主编
ISBN 978-7-307-09635-6

Ⅰ.3… Ⅱ.贾… Ⅲ. 三维动画软件,3DSMAX—高等学校—教材
Ⅳ.TP391.41

中国版本图书馆 CIP 数据核字(2012)第 042764 号

责任编辑:易　瑛　　　责任校对:刘　欣　　　版式设计:马　佳

出版发行:**武汉大学出版社**　(430072　武昌　珞珈山)
　　　　(电子邮件:cbs22@whu.edu.cn 网址:www.wdp.whu.edu.cn)
印刷:湖北恒泰印务有限公司
开本:787×1092　1/16　印张:9.75　字数:245 千字
版次:2012 年 7 月第 1 版　　　2012 年 7 月第 1 次印刷
ISBN 978-7-307-09635-6/TP·429　　　定价:47.00 元

总 序

尹定邦

尹定邦 中国现代设计教育的奠基人之一，在数十年的设计教学和设计实践中，开辟和引领了中国现代设计的新思维。现任中国工业设计协会副理事长，广州美术学院教授、博士生导师；曾任广州美术学院设计分院院长、广州美术学院副院长等职。

我国经济建设持续高速地发展和国家自主创新战略的实施，迫切需要数以千万计的经过高等教育培养的艺术设计的应用型和创新型人才，主要承担此项重任的高等院校，包括普通高等院校、高等职业技术院校、高等专科学校的艺术设计专业近年得到超常规发展，成为各高等院校争相开办的专业，但由于办学理念的模糊、教学资源的不足、教学方法的差异导致教学质量良莠不齐。整合优势资源，建设优质教材，优化教学环境，提高教学质量，保障教学目标的实现，是摆在高等院校艺术设计专业工作者面前的紧迫任务。

教材是教学内容和教学方法的载体，是开展教学活动的主要依据，也是保障和提高教学质量的基础。建设高质量的高等教育教材，为高等院校提供人性化、立体化和全方位的教育服务，是应对高等教育对象迅猛扩展、经济社会人才需求多元化的重要手段。在新的形式下，高等教育艺术设计专业的教材建设急需扭转沿用已久的重理论轻实践、重知识轻能力、重课堂轻市场的现象，把培养高级应用型、创新型人才作为重要任务，实现以知识为导向到以知识和技能相结合为导向的转变，培养学生的创新能力、动手能力、协调能力和创业能力，把"我知道什么"、"我会做什么"、"我该怎么做"作为价值取向，充分考虑使用对象的实际需求和现实状况，开发与教材适应配套的辅助教材，将纸质教材与音像制品、电子网络出版物等多媒体相结合，营造师生自主、互动、愉悦的教学环境。

当前，我国高等教育已经进入一个新的发展阶段，艺术设计教育工作者为适应经济社会发展，探索新形势下人才培养模式和教学模式进行了很多有益的探索，取得了一批突出的成果。由武汉大学出版社策划组织编写的全国高等院校艺术设计应用与创新规划教材，是在充分吸收国内优秀专业基础教材成果的基础上，从设计基础入手进行的新探索，这套教材在以下几个方面值得称道：

其一：该套教材的编写是由众多高等院校的学者、专家和在教学第一线的骨干教师共同完成的。在教材编撰中，设计界诸多严谨的学者对学科体系结构进行整体把握和构建，骨干教师、行业内设计师依据丰富的教学和实践经验为教材内容的创新提供了保障与支持。在广泛分析目前国内艺术设计专业优秀教材的基础上，大家努力使本套教材深入浅出，更具有针对性、实用性。

其二，本套教材突出学生学习的主体性地位。围绕学生的学习现状、心理特点和专业需求，该套教材突出了设计基础的共性，增加了实验教学、案例教学的比例，强调学生的动手能力和师生的互动教学，特别是将设计应用程序和方法融入教材编写中，以个性化方式引导教学，培养学生对所学专业的感性认识和学习兴趣，有利于提高学生的专业应用技能和职业适应能力，发挥学生的创造潜能，让学生看得懂、学得会、用得上。

其三，总主编邀请国内同行专家，包括全国高等教育艺术设计教学指导委员会的专家组织审稿并提出修改意见，进一步完善了教材体系结构，确保了这套教材的高质量、高水平。

因此，本套教材更有利于院系领导和主讲教师们创造性地组织和管理教学，让创造性的教学带动创造性的学习，培养创造型的人才，为持续高速的经济社会发展和国家自主创新战略的实施作出贡献。

前言

　　本书包含了笔者多年的教学实践经验，将理论与实例有机结合，操作性强，重点培养学生对3DS max软件的应用。

　　在3DS max教学过程中，大部分教师都会把每个命令逐个解释，知识点过于孤立，学生记忆起来也非常困难。往往学生还未学到制作课程时就已经对学习3DS max失去了兴趣。所以在教学中应先让学生能制作出简单作品，而结合实例讲解是一种比较容易吸引学生的途径。本书中加强了对常用命令工具的讲解，对一些不常用的工具和命令进行了删减。在具体教学中教师可以补充讲解。

　　在3DS max教学中使用中文版还是英文版的问题一直是教师和学生们选择的难题。作者认为，初学者可以短时间使用中文版入门，而当学生对软件操作已经基本掌握之后，应该改用英文版本。因为在使用修改器时，英文版修改器在查询速度上有很大的优势，后期学生如果继续深入学习3DS max动力学或其他部分时，英文版3DS max是没有中文翻译的。而且很多专业术语和修改器含义，在中文版中翻译并不是非常准确。所以建议教师在教学中全程使用英文版进行教学。

　　本书配有视频教程可登录http：//www.tudou.com/home/a7jan观看。若有其他疑问也可发送邮件至1418592997@qq.com与作者交流。

目 录

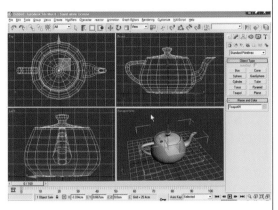

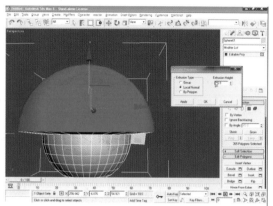

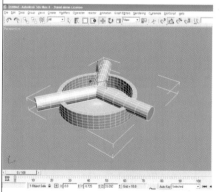

1 | 3DS max 基础部分

1.1 设置系统单位

在 3DS max 建模（如图 1.1）过程中，通常将单位设置为"毫米"。忽视单位的设置，会导致场景内建模的失调，并最终直接影响后期渲染的效果。在制作精确的场景建模时，更要重视单位的设置，否则会导致场景模型和放置对象无法精确到位。单位设置过程如下：

运行3DS max软件，在菜单栏中选择【Customize】（自定义)的【Units Setup】（单位设置）命令，在打开的【Units Setup】对话框中选择【Metric】（公制）单选按钮下的【Millimeters】(毫米）单位，单击【OK】（确定）按钮，然后继续单击对话框中的【System Unit Setup】(系统单位设置）按钮，在弹出的对话框中把【System Unit Scale】（系统单位比例）也调为"毫米"单位，单击【OK】按钮，如图1.2~图1.4所示。

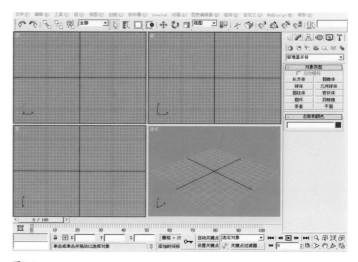

图1.1

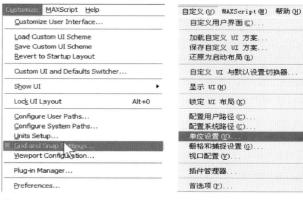

图1.2

小提示：

此处的单位可以根据个人的作图习惯进行设置，在这里使用了"毫米"，是为了和在 Auto CAD 中使用的单位保持一致。

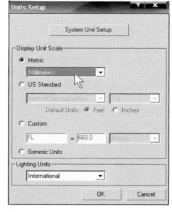

图1.3

图1.4

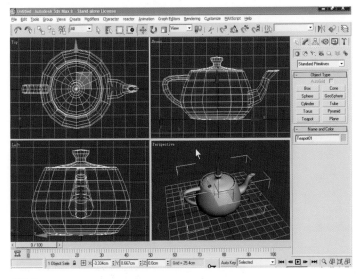

图1.5

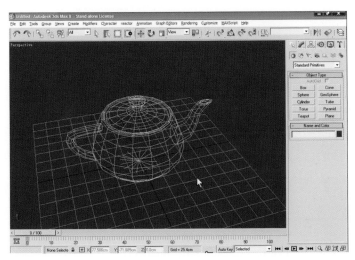

图1.6

1.2 基本工具的使用与快捷键

单击创建面板中的 ⊙ 按钮（此按钮可以直接创建面板中所包含的模型），在界面中的几何体创建面板中点击【Teapot】按钮，就可以在视图中创建一个茶壶(如图1.5)。在视图划分中，【Top】为顶视图，【Front】为前视图，【Left】为左视图，【Perspective】为透视图。它们的快捷键依次为【T】【F】【L】【P】。

在当前视图中按【F3】键，物体将在当前视图中以线形模式显示并取消实体模式（如图1.6)。恢复实体模式则再按【F3】键。

在当前视图中按【F4】键，物体在当前视图中以实体加线形模式同上显示（如图1.7)，恢复实体模式则再按【F4】键。

在工具栏中，⊾ 按钮为单体选择工具，快捷键为【Q】键，点击此按钮可选择视图中的物体，按住【Ctrl】键可进行多选，如图1.8所示。

工具栏中的 按钮为多选工具，点击此按钮会弹出一个对话框，在其对话框中选择物体的名称，则场景中的该物体就会被选择，按住

【Ctrl】键可进行多选。此工具也可理解为依照名称选择物体。

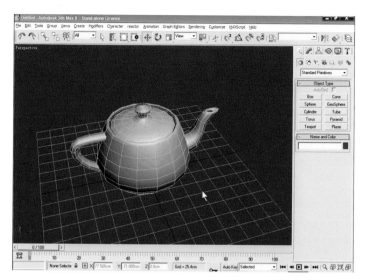

图1.7

![按钮]按钮为选择方式按钮，系统默认为矩形，点住此按钮不放，会显示多种选择方式，如图1.9所示。

当激活单体选择按钮时，按【Q】键可以切换选择方式，第1种为矩形选择方式，第2种为圆形选择方式，第3种为多边形选择方式，第4种为套索选择方式，第5种为触选选择方式（鼠标接触到的地方都会被选中），如图1.10所示。

工具栏中的![按钮]按钮为窗口/交叉选择工具，没有激活此按钮时，一个物体的任何一部分在框选之内时，则物体会被选中；当激活此按钮，一个物体完全在框选之内时，物体才会被选中，反之物体不会被选中，如图1.11所示。

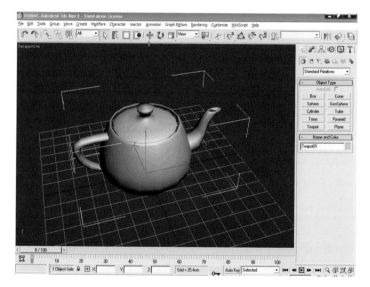

图1.8

工具栏中的![按钮]按钮为旋转工具，快捷键为【E】键，当激活此按钮时，在选中的物体中点击鼠标左键拖曳，可分别以【X】、【Y】、【Z】轴为中心进行旋转，右键单击此按钮会弹出【旋转变换输入】对话框，在其对话框中可调整各个轴向旋转的绝对数值与偏移数值，如图1.12所示。

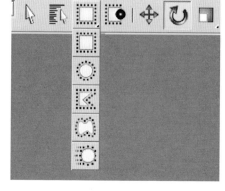

图1.9

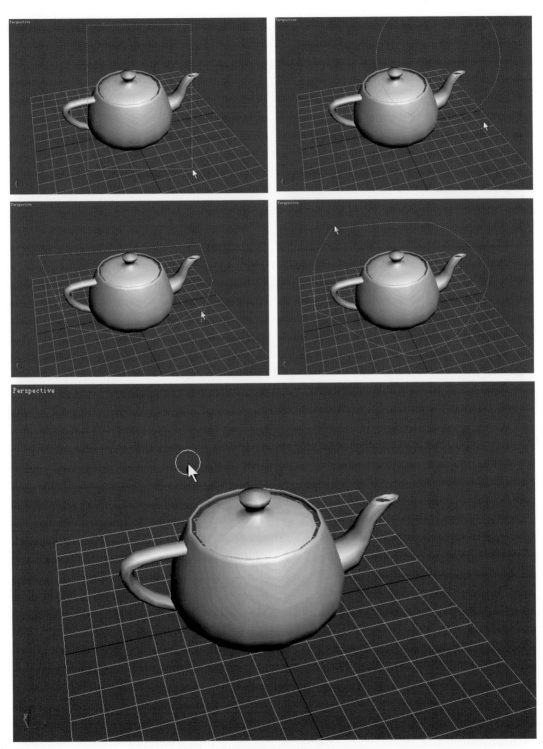

图1.10

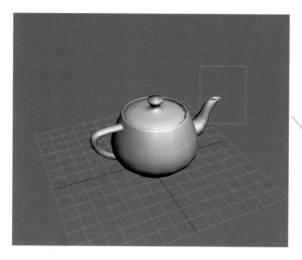

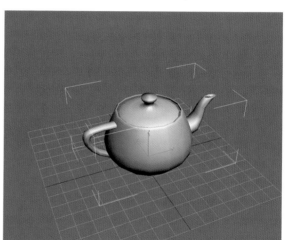

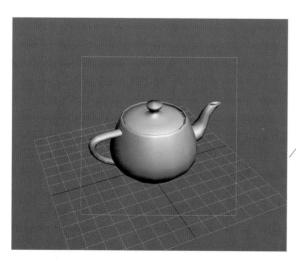

图1.11

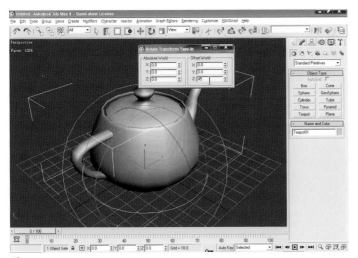

图1.12

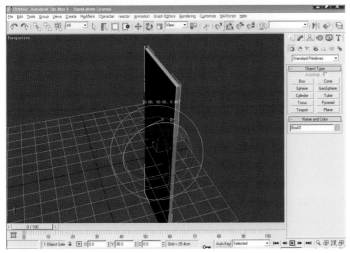

图1.13

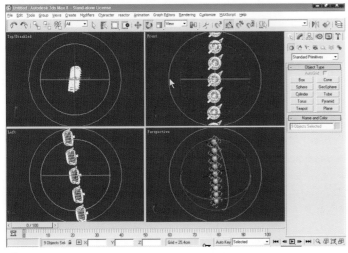

图1.14

工具栏中的 按钮为开启角度捕捉工具，快捷键为【A】键，用鼠标右键点击此按钮可设置相应的捕捉度数。如将一个物体旋转90°，可设置angle参数为90°（如图1.13）。

在键盘上按【D】键，则当前视图失效，已失效的视图不会随着其他视图中物体的改变而相应产生改变，而是保持禁止状态。其他视图改变完后，如再单击一次失效的视图，则失效的视图内的变化才会体现。如：若将顶视图失效，在其他视图中进行操作，则顶视图保持禁止状态，如图1.14所示。

小提示：

在场景中的模型和面比较多的情况下，使用"视图失效"功能，则视图操作时与画面不会产生延迟。

在键盘上按【Z】键，则物体会在视图中呈构图最大会显示。如果视图中有多个模型，选择其中一个或多个物体时，使用此命令只对被选中的物体进行最大化显示（如图1.15）；如果不选中视图中的任何物体，则使用此命令时所有物体都将最大化显示（如图1.16）。

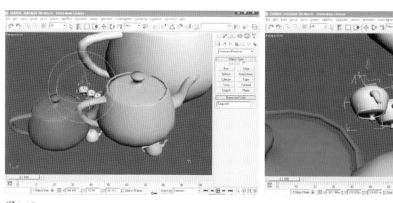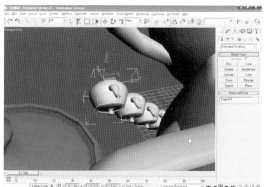

图1.15

小提示：

在键盘上按【Ctrl】+【Z】键，表示返回上一步操作。【Ctrl】+【Y】键表示向前一步操作。

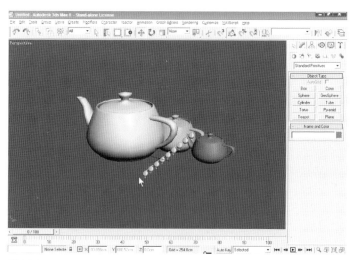

图1.16

工具栏中的 ✦ 按钮为移动工具，它可在视图中移动选中的物体。

移动轴向分别为【X】、【Y】、【Z】轴，选择移动【X】、【Y】、【Z】轴快捷键分别为【F5】、【F6】、【F7】，右键单击此按钮会弹出移动变换输入对话框，在其对话框中可调整各个移动轴向的绝对数值与偏移数值，如图1.17所示。

在使用移动工具的情况下，按键盘上的【X】键，此时移动轴被锁定，则【X】、【Y】、【Z】移动轴消失；若恢复锁定则再次按【X】键，如图1.18所示。

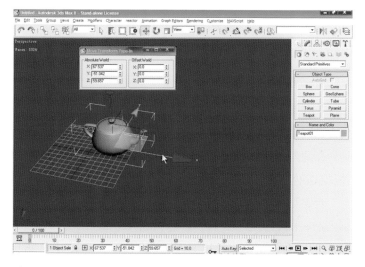

图1.17

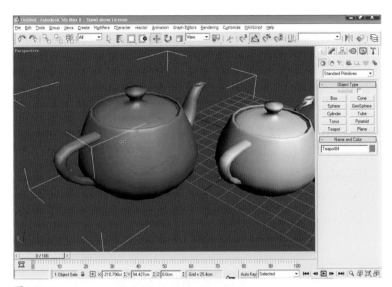

图1.18

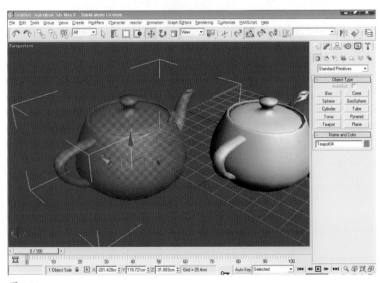

图1.19

　　在键盘上敲击【Alt】+【X】键，此时在视图中被选中的物体便会透明显示，如图1.19所示。

　　在键盘上按【Ctrl】+【C】键，可为当前视图创建一个摄像机并显示摄像机视图，如图1.20~图1.21所示。

　　若要更换当前视图，可在当前视图中点击键盘上的【T】键，则当前视图更换为顶视图，点击【L】键则当前视图更换为左视图，敲击【F】键则当前视图更换为前视图，点击【P】键则当前视图更换为透视图。如图1.22所示。

点击键盘上的数字【7】键，则显示当前选择物体的面数。如图1.23~图1.24所示，点击【7】键后显示出茶壶的面数。

小提示：

因为 3D max 里物体的每一个面都是由三角形面所组成的，所以该物体显示的面数是它本体面数的两倍。

单击数字【8】键，此时会弹出【Environment and Effects】（环境与效果）对话框，可设置环境与效果的参数，如图1.25所示。

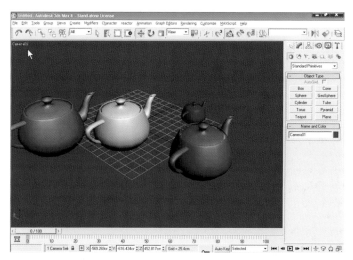

图1.20

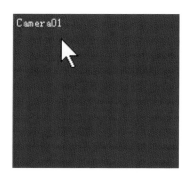

图1.21

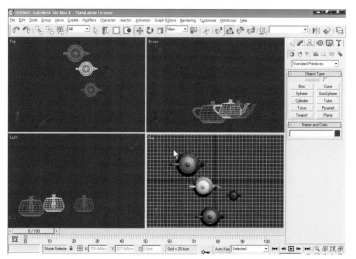

图1.22

图1.23

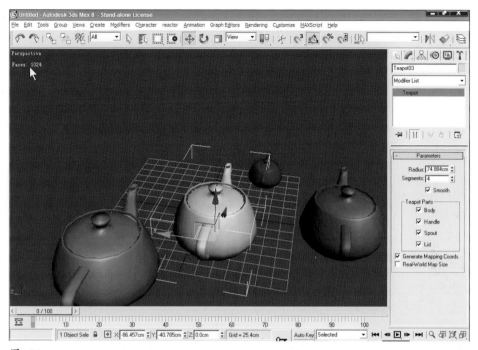

图 1.24

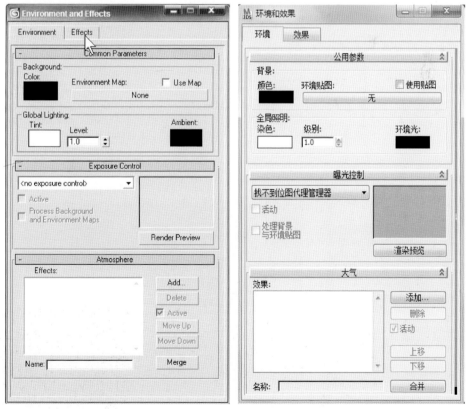

图 1.25

按键盘上的【Alt】+
【Q】键，视图中选中的物体
变更为孤立模式，此时视图
只显示选中后被孤立的物体，
如图1.26~图1.27所示。

若要退出孤立模式，可用
鼠标点击界面中的【Exit Isolation
Mode】按钮，如图1.28所示。

点击【G】键，则在当前
视图中隐藏网格；若恢复网
格显示则再次点击【G】键。
如图1.29所示。

点击【Alt】+【Q】键，
则当前视图以最大化窗口显
示，如图1.30~图1.31所示。

小提示：

滚动鼠标滑轮，可对当
前视图中显示的物体进行放
大与缩小。

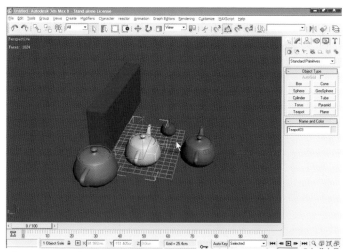

图1.26　孤立前

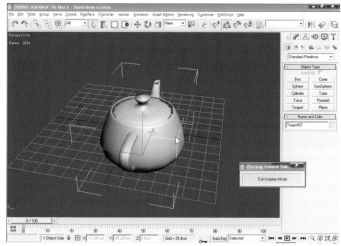

图1.27　孤立后

图1.28

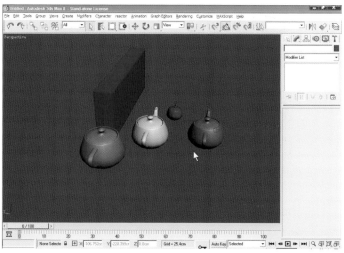

图1.29

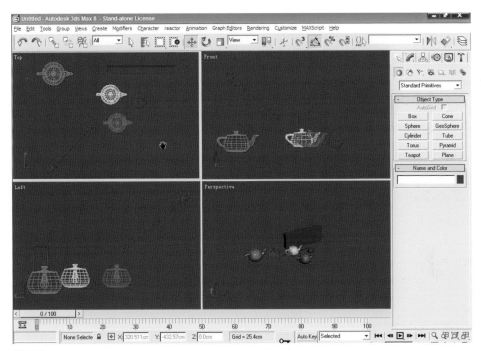

图1.30

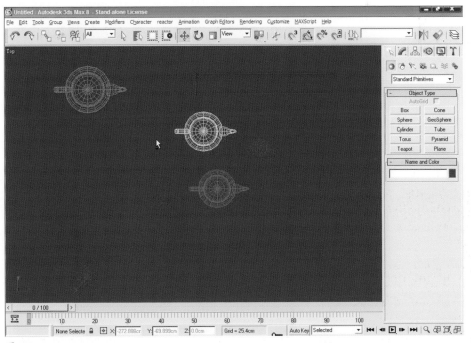

图1.31

1.3　复制对象

当要复制一个或者多个物体时，选中所要复制的对象，按住键盘上的【Shift】键，点击鼠标左键向右边拖曳，在弹出的【Clone Options】（克隆选项）对话框里可选择对其进行复制的类型与数量，当选择【Copy】（复制）选项时，复制出来的物体不会随着原物体的改变而发生改变；当选择【Instance】（实例）时，原物体与克隆物体产生关联，复制出来的物体随着原物体的改变而自动产生相同改变。如图1.32～图1.34所示。

当要将物体取消关联时，在视图中选中要取消关联的物体，单击修改器面板中的按钮，则所选的对象被取消关联。取消关联后，若改变当前选中的物体，则其他克隆的物体不会发生任何改变，如图1.35～图1.36所示。

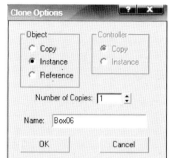

图1.32

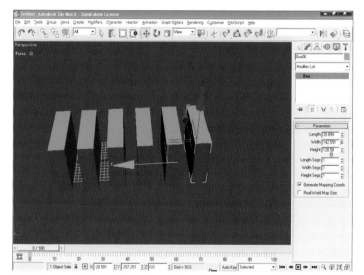

图1.33

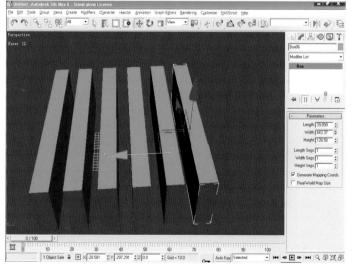

图1.34

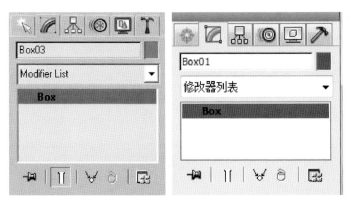

图1.35

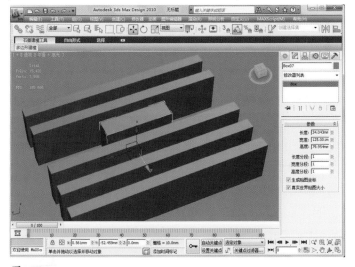

图1.36

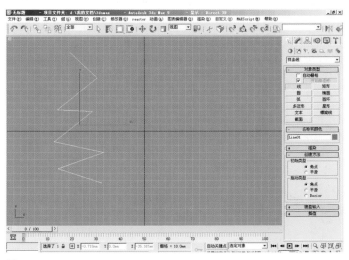

图1.37

1.4 样条线的使用

1.4.1 直线、曲线的绘制

依次单击 创建图形按钮，选择【样条线】，在视图中随意拖动鼠标，【初始类型】选择【角点】，【拖动类型】选择【角点】，最后画出来的线是直线，如图1.37所示。

【初始类型】选择【角点】，【拖动类型】选择【平滑】，此时如果不拖动鼠标，那么画出来的线还是直线，如果绘制过程中点左键不动，同时拖动鼠标，则画出来的线就是弧线，如图1.38所示。

【初始类型】选择【平滑】，【拖动类型】选择【平滑】，那么无论怎么画都是弧线，如图1.39所示。

接下来看绘制之后可能碰到的问题。首先画线，在修改面板中，我们使用快捷键【1】、【2】、【3】1 ，2 ，3 ，自动切换选择类型。如图1.40所示。

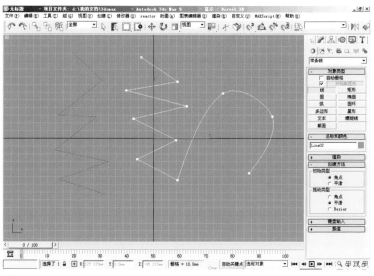

图1.38

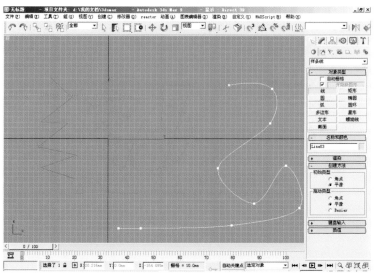

图1.39

1.4.2　样条线的显示

在修改面板中的【渲染】属性，选择"在渲染中启用"(如图1.41)，增加厚度，那么这条线的厚度将可以被渲染，如图1.42所示。

当勾选"在视口中启用"时，视图中的线会以实体显示。

若只勾选"在视口中启用"(如图1.43)，而不勾选"在渲染中启用"，则渲染结果不会出现线形，如图1.44~图1.46所示。

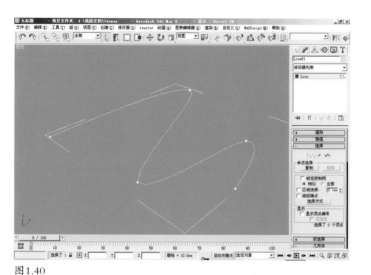

图 1.40

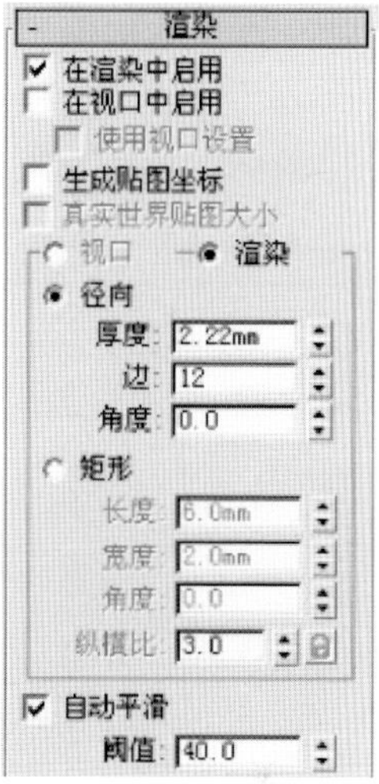

图 1.41

图 1.42

图 1.43

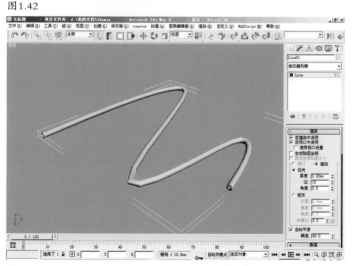

图 1.44

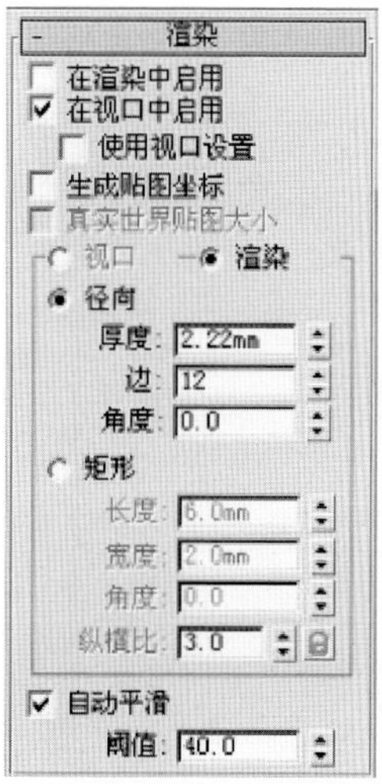

图 1.45

选择"生成贴图坐标",则在线表面生成贴图坐标,如图1.47所示。

如果要画比较粗的线(图1.48),可选择"使用视口设置"(图1.49)。可以看到,在视图中的图像变小了,实际上,它只是显示小,在渲染结果中它还是保持厚度不变地被渲染。如图1.50所示。

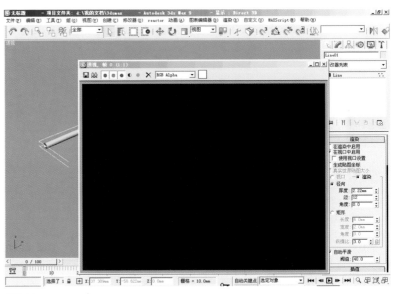

图1.46

图1.47

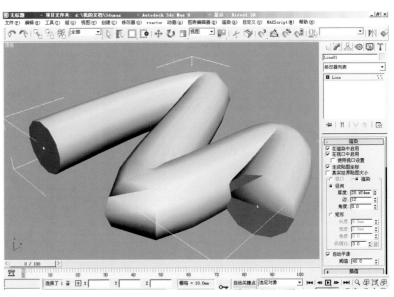

图1.48

18

选择"已有的线"，按【F4】键，显示边数，增减边数值，可以调整边的数值。调整角度，是边数的旋转数值，如图1.51所示。

选择"矩形"（图1.52），则线的显示方式是矩形，如图1.53所示。

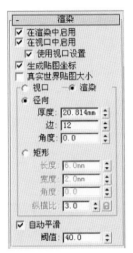

图1.49

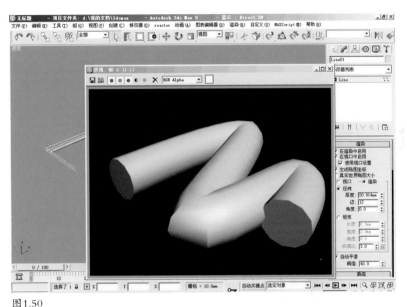

图1.50

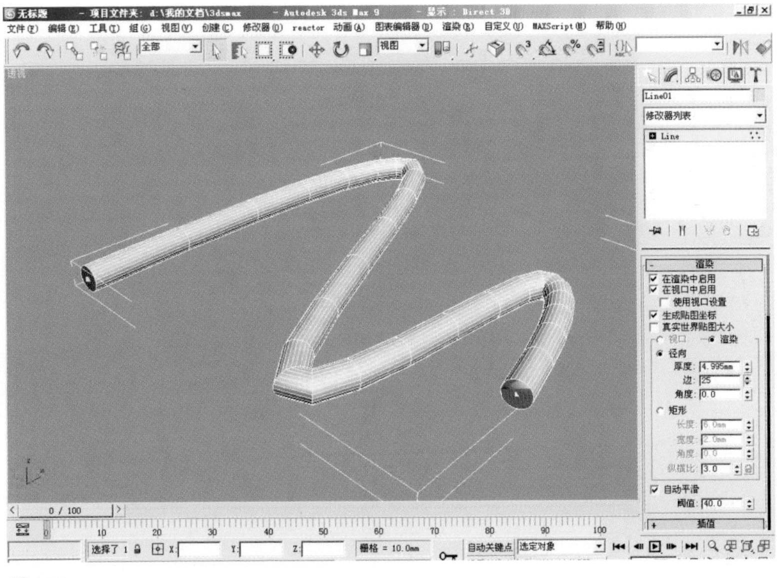

图1.51

选择"插值",如图1.54所示。

插值,是指调整物体的一个弯曲的数值。数值给得越多,边缘越弯曲,如图1.55所示。

选择"自适应",如图1.56所示。

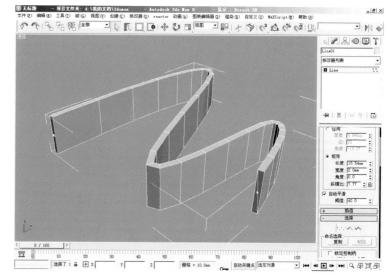

图1.52

图1.53

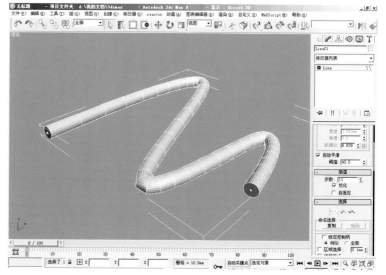

图1.54

图1.55

　　我们看到，折角的区域面数会密集一些不折角的区域相对折角处面数少很多。这就是自动优化工具。如图1.57所示。

1.4.3　【几何体】属性

（1）创建线

先用线在视图中画一个图形，如图1.58所示。

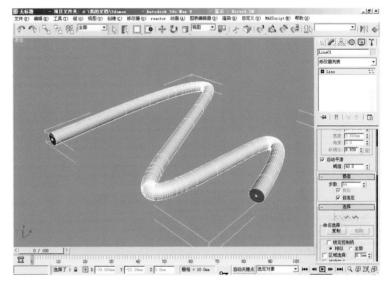

图1.56

图1.57

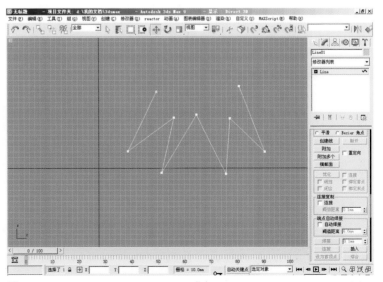

图1.58

图1.59

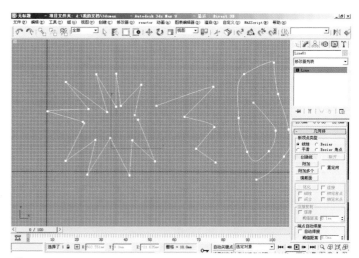

图1.60

点击【创建线】，如图
1.59所示，将创建出来的线条
命名为"线1"。通过这个命
令，无论创建多少条线，也
无论创建的线是连接在一起
的还是独立的，所有创建出
来的线都属于"线1"。

回到创建面板，直接选
择【线】命令，创建出来的
线条我们命名为"线2"，如
图1.61所示。

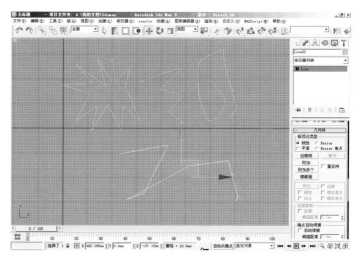

图1.61

选择"线1"里面任意一
个点（如图1.62），在几何体
面板中点击【断开】（如图
1.63），可以看到线条断开了，
如图1.64所示。

（2）附加

下面来看【附加】命令
（如图1.65）。我们选择"线
1"，点击【附加】，再选择其
他的线条，就可以进行线的
添加了（如图1.66）。命令执

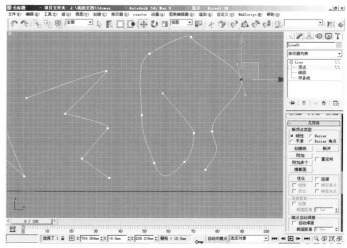

图1.62

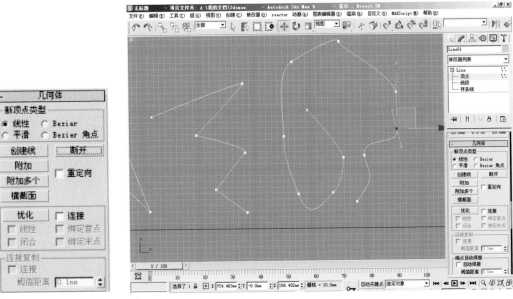

图1.63

图1.64

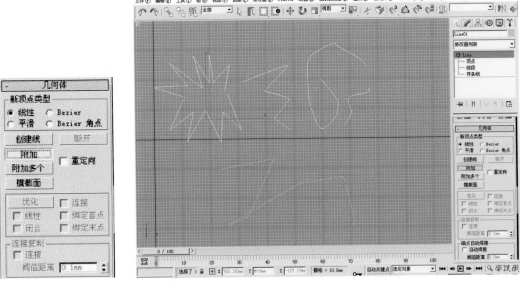

图1.65

图1.66

行后，被添加的线的名称都会变为"线1"，虽然它们在视图中可能是分开的，但是在系统属性里，已经成为"线1"的线段了（如图1.67）。

比如，我们画6个圆，选择【附加多个】（如图1.68），再选择需要的圆（如图1.69），那么被选择的圆都会被附加为"线1"。

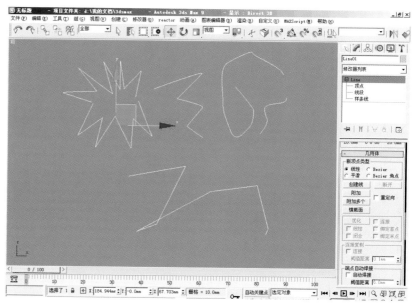

图1.67

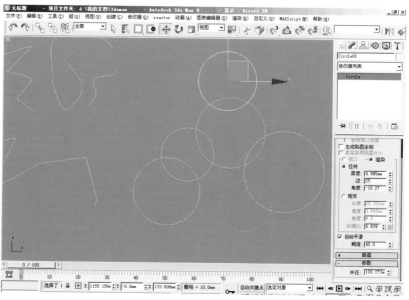

图1.68

（3）　连接空间线

我们来画一个星形（如图1.70），再复制两个（如图1.71），然后缩放中间的那个星形（如图1.72）。任意选择其中一个，点击右键，选择"转换为可编辑样条线"（如图1.73）。

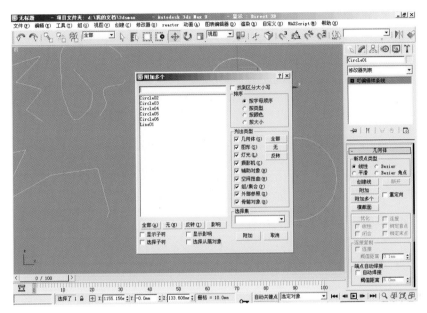

图1.69

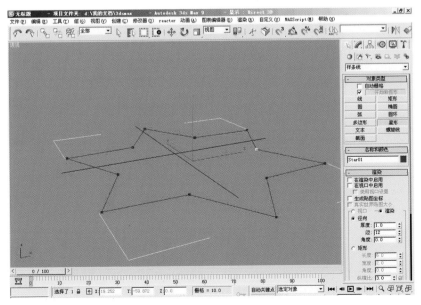

图1.70

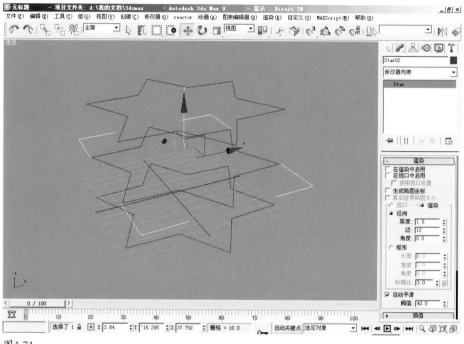

图1.71

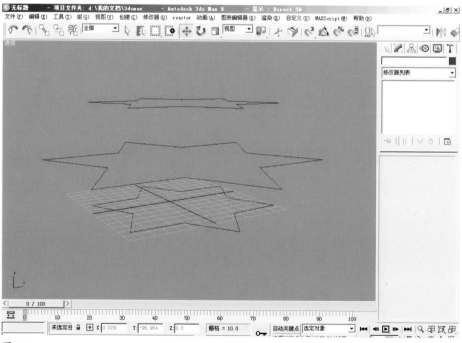

图1.72

把它们附加在一起，然后选择横截面，如图1.74所示。

选择角点拖动鼠标，把它拖动到中间的星形对应的角，如图1.75所示。

继续选择中间星形的角点，拖动到最上层星形的角点，如图1.76所示。

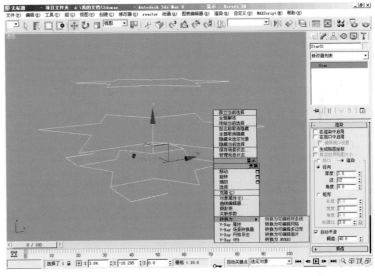

图1.73

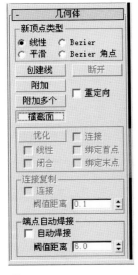

图1.74

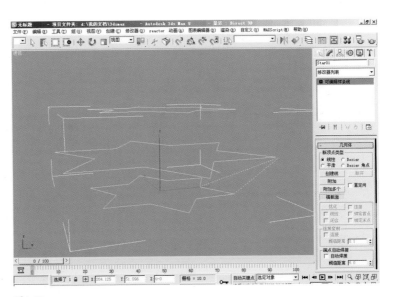

图1.75

那么这三个星形，就被连接上了。这就是连接空间线的方式。

（4）优化

优化就是一种加点工具，它可以在物体的线上随意加点。如图1.77所示。

（5）焊接

画两条线，进行附加，然后点击【1】键，选择需要连接的两个点，如图1.78所示。

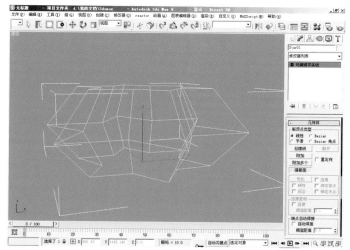

图1.76

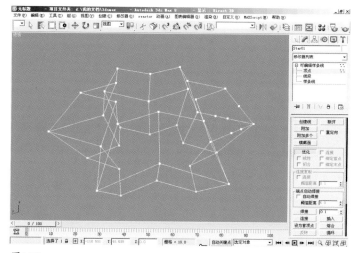

图1.77

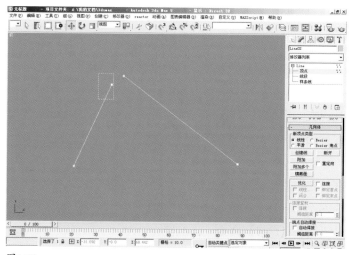

图1.78

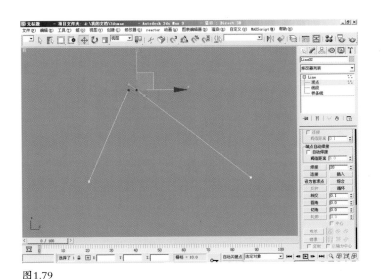

图1.79

图1.80

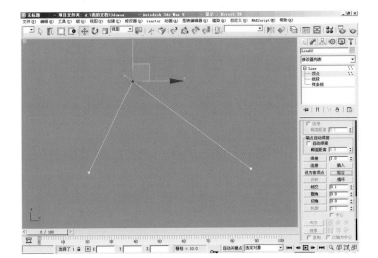

图1.81

　　点击【焊接】命令，把距离设置为20毫米以内，也就是说在20个毫米范围内的点可以被焊接，超出这个单位范围就无法焊接。如图1.79所示。

　　除了【焊接】命令，【熔合】命令也可以将两个点重合在一起，如图1.81所示。不过，使用【熔合】命令后，重合的两个点，移动其中一个，它们还是会分开（如图1.82），并不能像【焊接】命令一样连接在一起。

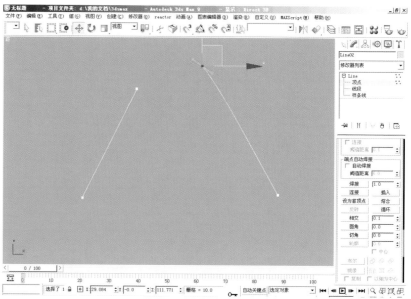

图1.82

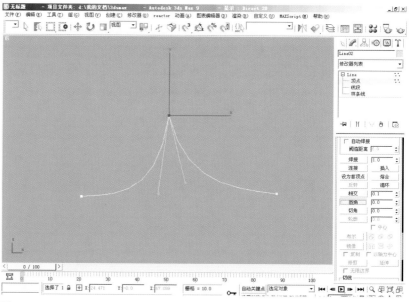

图1.83

（6）圆角

使用快捷键【1】，选中（如图1.83）中的角点。

先点击【圆角】命令，再点击需要倒圆角的角点，进行倒角，倒圆角过程中需要点击鼠标左键保持不放，同时拖动鼠标，当确定倒角大小后，松开鼠标左键，此时倒角完成（如图1.84）。

【切角】命令与【圆角】命令的使用方式一样（如图1.85）。

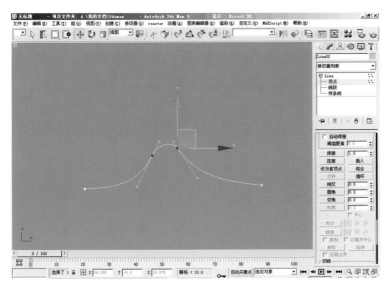

图1.84

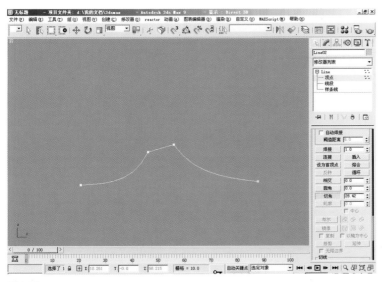

图1.85

图1.86

（7）轮廓

按快捷键【3】，选择样条线，然后选择轮廓工具，如图1.86所示。

点击需要扩边或收边的线条，保持点击鼠标左键不动，当确定扩边或收边距离后，松开鼠标左键，此时线条【轮廓】命令结束。如图1.87所示。

（8）布尔

绘制如图1.88所示类似图形，选择长条线形物体，点击【布尔】命令（如图1.89），使用【并集】命令，再选择圆形线条物体，那么两个物体就成了并集的轮廓，如图1.90所示。类似地，使用【交集】命令，会出现如图1.91所示的效果。

（9）拆分

在视图中绘制一条线（"线1"），点击快捷键【2】选择线，然后使用【拆分】命令，将"拆分"数值设定为"5"（如图1.92），此时

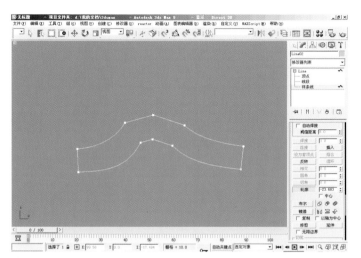

图1.87

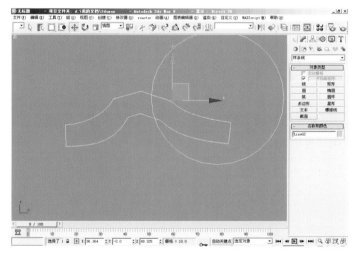

图1.88

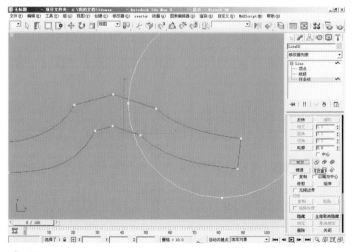

图1.89

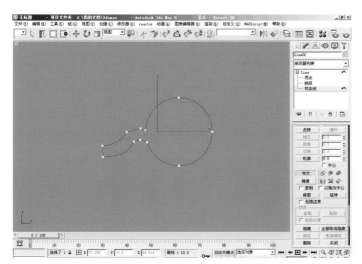

图 1.90

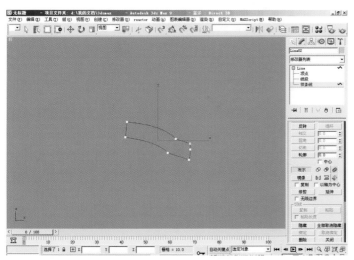

图 1.91

图 1.92

线条被分成了6段，如图1.93所示。

（10）分离

选择图1.93中的一条线段，使用【分离】命令，此时它就从"线1"中分离出来，如图1.94所示。

（11）连接

在图1.95中，选中点A，使用【添加】命令，然后用鼠标将点A拖向点B，那么点A与点B之间，就被线条连接起来了。同样，可以将点C与点D连接起来，这样，图1.94中被分离的两条线通过另一种方式又连接起来了，如图1.96所示。

（12）修剪

画两条相交的线，附加在一起，点击快捷键【3】，如图1.97所示。

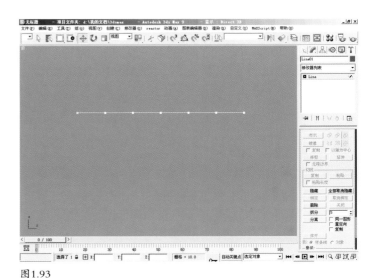

图1.93

图1.94

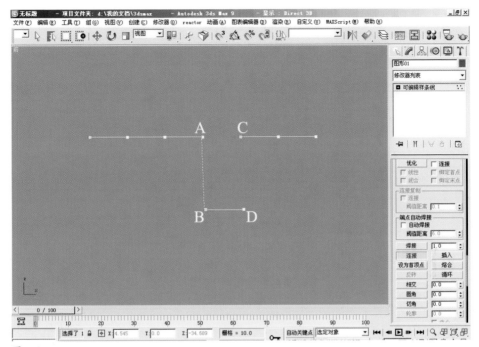

图1.95

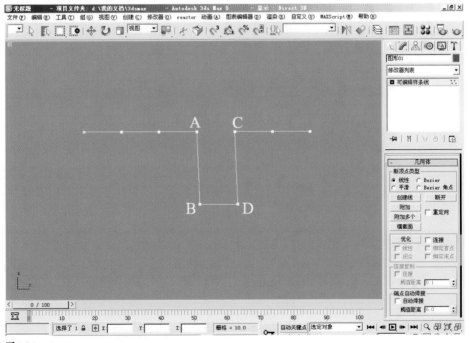

图1.96

再选择【修剪】命令，点击线的一端，就可以修剪掉此线段，如图1.98所示。

（13）延伸

画两条线，不相交，如图1.99所示。

选择【延伸】，点击上方的线，点击后，被选择的线段就会被延长至下方线的相交处。

注意：如果被选线段延伸方向无线段可以相交，【延伸】命令将对线段不产生任何效果。如图1.100所示。

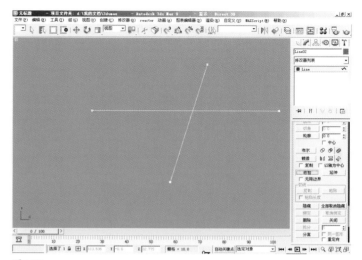

图1.97

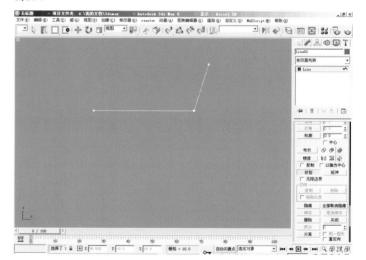

图1.98

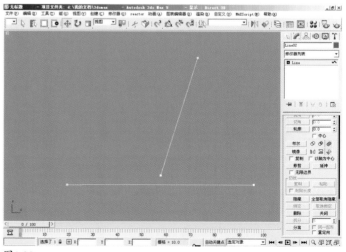

图1.99

例：创建简单课桌与课桌椅

　　依次单击 按钮，在【Top】（顶视图）中创建一个与课桌面适当大小的长方体为课桌面，如图1.101所示。

　　在对应课桌脚的位置创建一个长方体为课桌脚，选择课桌脚，按住

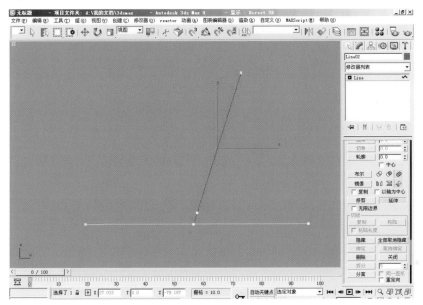

图 1.100

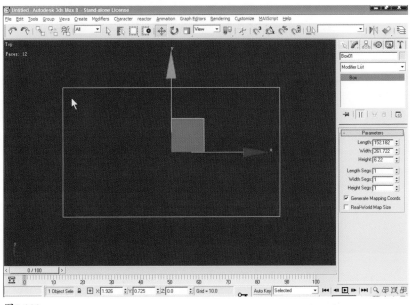

图 1.101

【Shift】键，点击鼠标左键拖曳，在弹出的【Clone Options】对话框里选择【Instance】选项，点击【OK】按钮，并以相同操作复制其他几个脚。完成后使用移动工具将复制的脚调整到最佳位置。如图1.102~图1.103所示。

切换透视图查看，使用移动工具调整课桌面至适当的位置，选中视

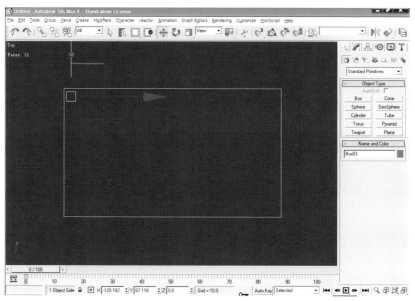

图 1.102

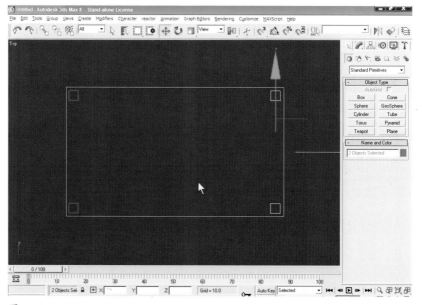

图 1.103

图中任意一个课桌脚，在修改器面板中调整课桌脚至适当的高度并移动至适当位置。如图1.104所示。

　　在视图中选中课桌面，然后向下复制一个关联的课桌面，如图1.105所示。

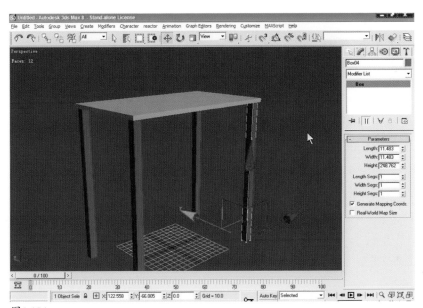

图1.104

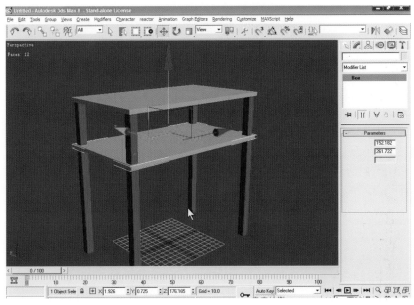

图1.105

在左视图中课桌侧面抽屉的位置创建一个长方体，使用移动工具将长方体移动到适当位置，并向另一侧面复制一个关联对象移动到适当位置。如图1.106~图1.108所示。

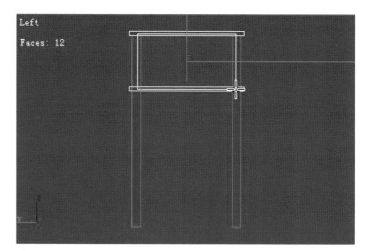

图1.106

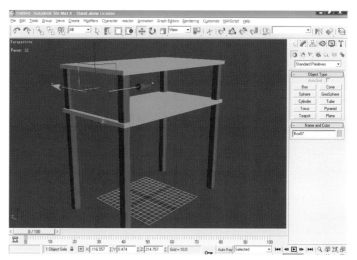

图1.107

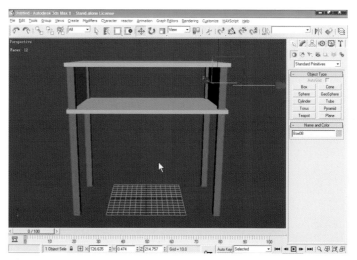

图1.108

　　以同上方法在前视图中抽屉处创建一个长方体为抽屉背面，将其移动到适当位置。如图1.109所示。

　　在视图中选择左右两侧的抽屉面，将其向下复制，在弹出的克隆对话框中选择【Copy】选项，点击【OK】按钮，将复制的对象调整到适当位置。如图1.110~图1.111所示。

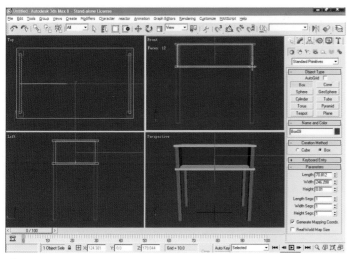

图1.109

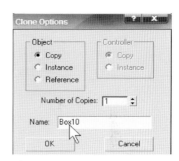

图1.110

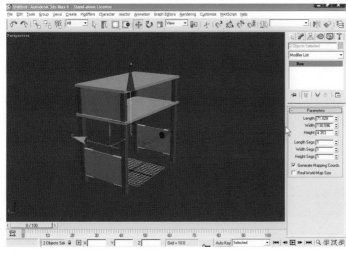

图1.111

在当前复制对象修改器面板【Parameter】（参数展卷栏）中调整【Length】（长度）的适当参数，将其移动到课桌脚下。如图1.112所示。

在视图中选择抽屉的地面，同上操作，将其向下复制到课桌脚底，并调整其参数，将其移动到适当位置。如图1.113~图1.114所示。

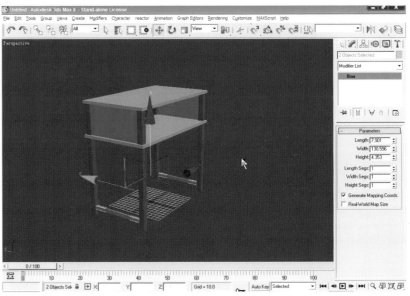

图1.112

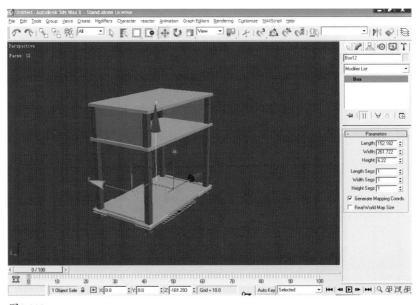

图1.113

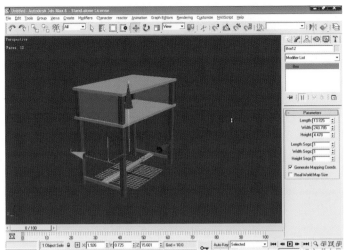

图 1.114

更换场景中模型的颜色，使其颜色统一。在视图中选择所有物体，在修改器面板中左键单击颜色按钮，在弹出的【Object Color】（对象颜色）对话框中选择一种颜色，单击【OK】按钮，则场景中被选中的物体改变为此颜色，如图 1.115～图 1.116 所示。至此课桌创建完成。

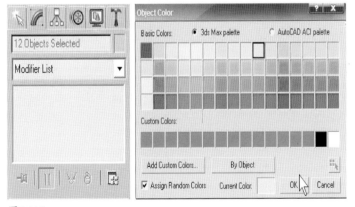

图 1.115

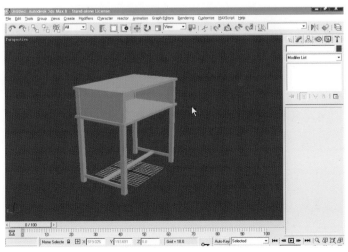

图 1.116

然后创建课桌椅。选择视图中的四个课桌脚，复制，如图1.117所示。

在视图中选择被复制桌脚中的横杠，点击键盘【Delete】键将其删除，如图1.118所示。

选择顶视图，调整座椅大小，如图1.119所示。

在视图中创建一个长方体为座椅面，然后移动到合适的位置。如图1.120所示。

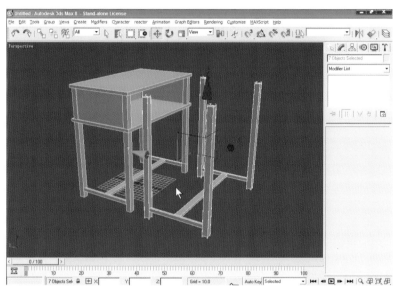

图1.117

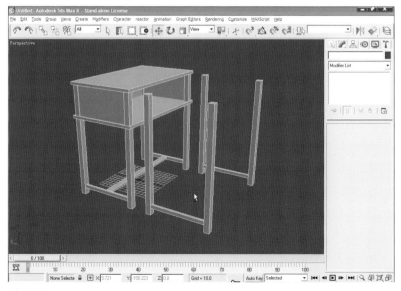

图1.118

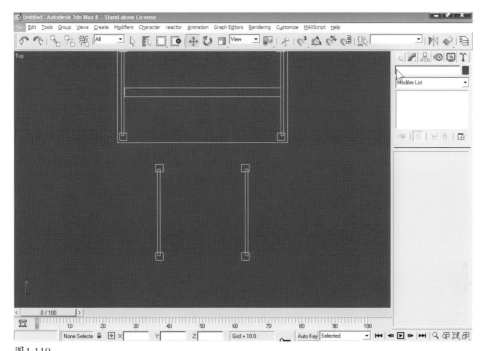

图1.119

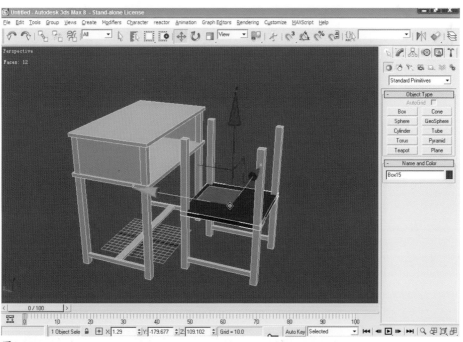

图1.120

选择座椅脚，在修改器页面中点击 ∨ 按钮，取消座椅脚的关联，然后将座椅脚的高低调整到一个合适的位置。如图1.121所示。

在视图中创建一个座椅横杠，调整其大小，并使其移动到合适位置，进行关联复制。然后用相同的方法制作座椅靠背，调整座椅靠背上横杠的大小与位置。完成后选择全部物体，进行统一上色，由此课桌椅创建完成。如图1.122所示。

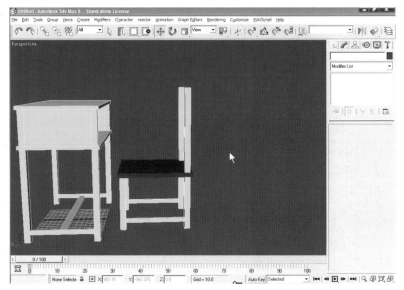

图1.121

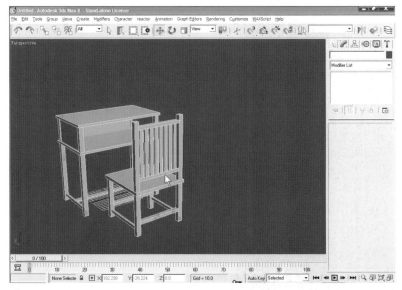

图1.122

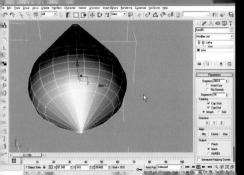

2 3DS max 修改器的使用

2.1 挤出修改器

挤出修改器可以让线形依照其本身的形状，在线形自身坐标的z轴，进行实体化挤出的工具。中文版为【挤出】，英文版为【Extrude】。

挤出命令是通过线形来挤出实体。挤出命令的操作：依次单击 ![icon] ![icon] 创建图形按钮，选择【Rectangle】（矩形），在视图中创建一个矩形，如图2.1所示。

点击 ![icon] 修改按钮，在修改器下拉列表中选择【Extrude】（挤出）命令，则得到一个面的实体，如图2.2~图2.3所示。

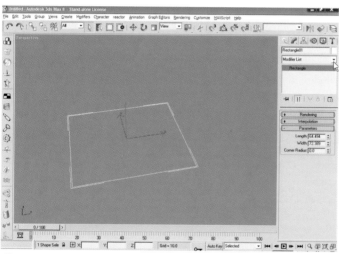

图2.1

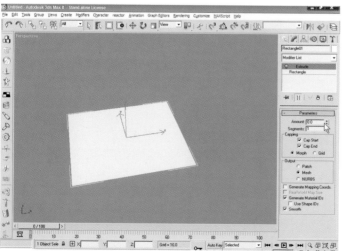

图2.2

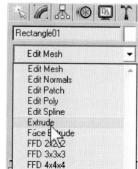

图2.3

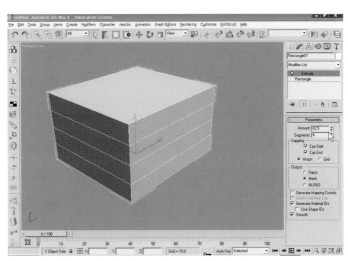

图2.5

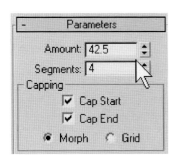

图2.4

在【Extrude】修改面版
【Parameters】(参数展卷栏) 中
可调整【Amount】(数量) 和
【Segments】(分段),数量越大
则挤出越高,分段越多则物
体段数越多,如图2.4~图2.5
所示。

在线形顶点没有闭合的
情况下,使用挤出命令,调
整挤出数量后,则挤出的物
体没有封底和封顶,如图2.6~
图2.7所示。

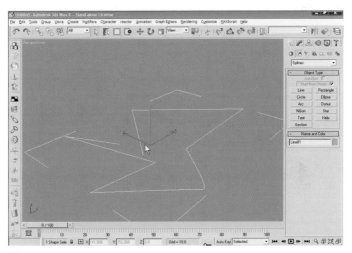

图2.6

小提示:

只有线形顶点闭合的情
况下,使用挤出命令才会得
到实体效果。

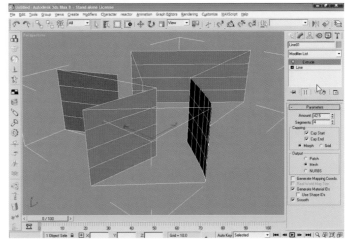

图2.7

将挤出物体竖向分段，在视图中创建一个矩形，单击鼠标左键，在弹出的工具条中选择【Convert To Editable Spline】（转换为可编辑样条线），如图2.8所示。

在可编辑样条线的修改面板中，选择【Refine】（优化）命令，在视图中的样条线上添加顶点，如图2.9~图2.10所示。

在修改器列表下拉菜单中，选择挤出命令，则添加的顶点会变为竖向分段，如图2.11所示。

小提示：

附加顶点越多，则竖向分段越多。

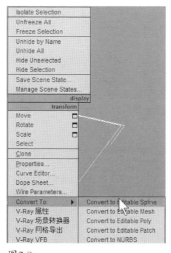

图2.8

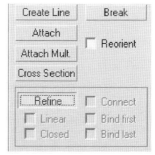

图2.9

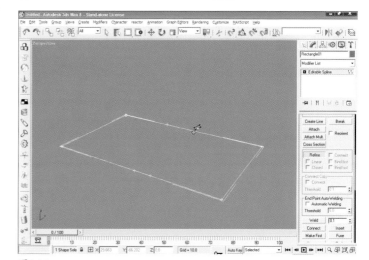

图2.10

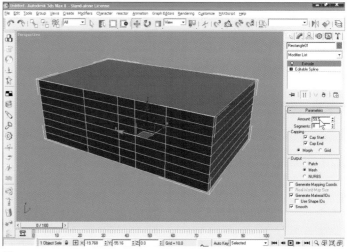

图2.11

2.2　使用挤出修改器创建文字物体

在图形的创建面板中，点击创建【Text】（文本），在文本修改面板【Parameters】（参数展卷栏）的文本框中输入文字"环艺"，在视图中任意处点击创建，如图2.12~图2.13所示。

在修改器列表中选择挤出命令，则文字得到一个实体效果，如图2.14所示。

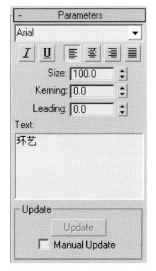

图2.12

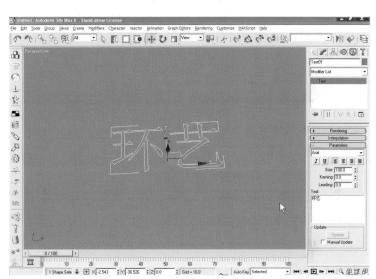

图2.13

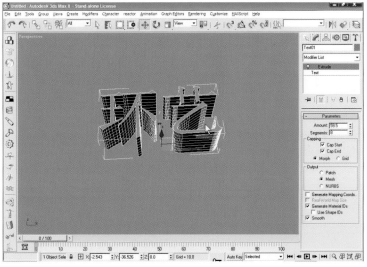

图2.14

2.3　弯曲修改器的使用

弯曲命令是将一个物体进行弯曲，使用弯曲命令后物体分段越多则物体弯曲越圆滑。如图2.15~图2.16所示，第一个物体没有分段，第二个物体没有横向分段，第三个物体同时拥有横向分段与竖向分段。

在视图中同时选择三个物体，在修改器列表下拉菜单中选择【Bend】（弯曲）命令，在其弯曲修改面板中可调整【Angle】（角度）和【Direction】（方向）的参数，则物体随着数值的改变而产生不同程度的弯曲，如图2.17~图2.18所示。

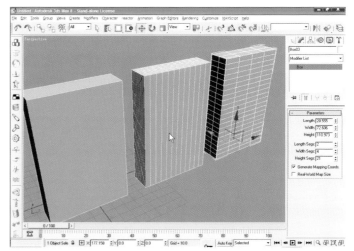

图2.15　使用弯曲前

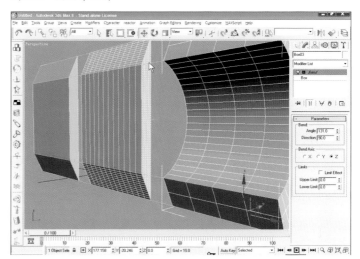

图2.16　使用弯曲后

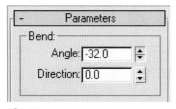

图2.17

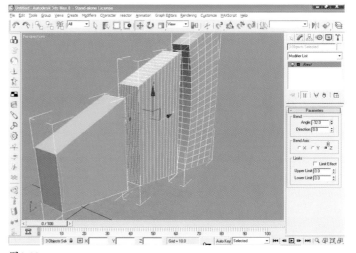

图2.18

2.4 晶格修改器的使用

在视图中创建一个长方体，将其向外复制两个，选择【克隆】选项为"复制"。调整各个长方体的分段参数，如图2.19所示：左边物体具有多个横向分段与纵向分段，中间物体具有多个横向分段，右边物体则纵向与横向分段都为1。

在视图中同时选中三个长方体，在修改器列表下拉菜单中选择【Lattice】（晶格）命令，分段越多则晶格越多，如图2.20~图2.21所示。

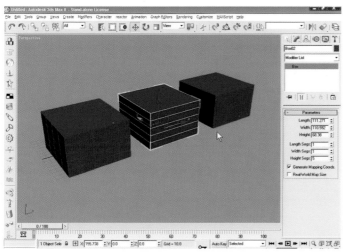

图2.19

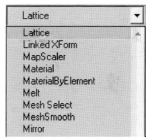

图2.20

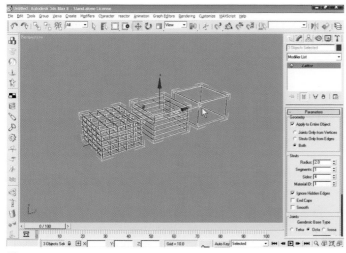

图2.21

在视图中选中左边的晶格体，在晶格修改面板参数展卷栏中选择【Joints Only from Vertices】选项，则【物体仅显示点的节点】，如图2.22~图2.23所示。

在晶格修改面板参数展卷栏中选择【Struts Only from Edges】选项，则物体仅显示边的支柱，如图2.24所示。

在晶格修改面板参数展卷栏中选择【Both】选项，则物体同时显示点的节点与边的支柱，如图2.25所示。

在晶格修改面板中选择【Radius】（半径）选项，可调整晶格的粗细值，如图2.26~图2.27所示。

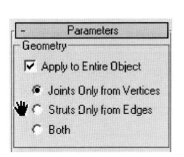

图2.22

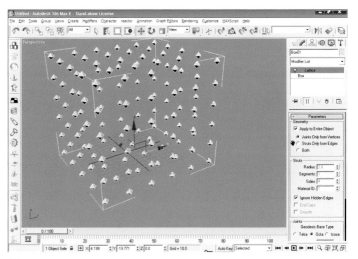

图2.23

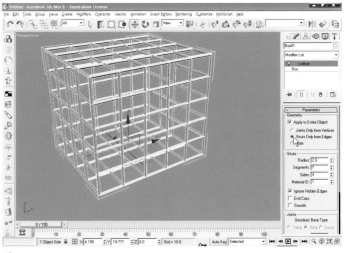

图2.24

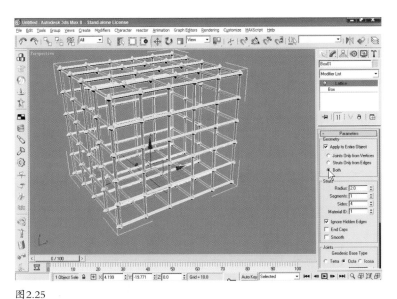

图 2.25

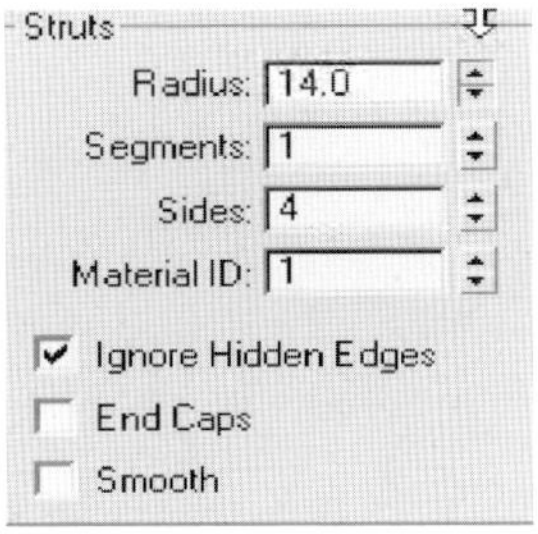

图 2.26

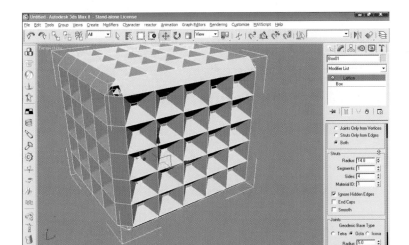

图 2.27

　　选择【Segments】（分段）选项可调晶格的横向分段，如图 2.28 所示。

　　选择【Sides】（边数）选项可调晶格的纵向分段，如图 2.29 所示。

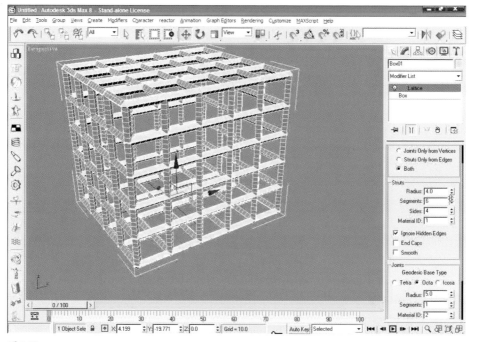

图2.28

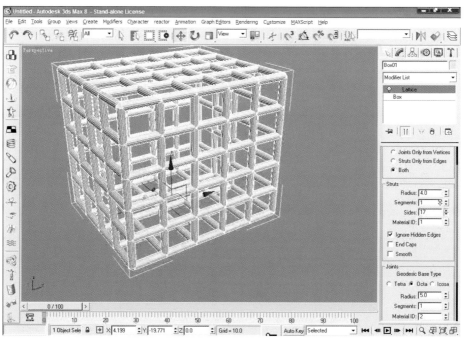

图2.29

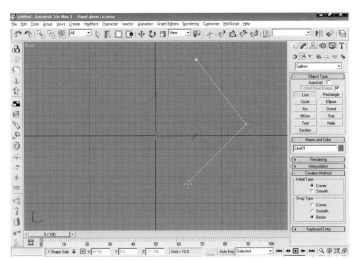

图2.30

2.5　车削改器的使用

单击创建面板中的创建图形按钮，在创建图形卷展栏中选择【Line】（线）按钮，将当前视图设为前视图，在前视图中用鼠标点击创建样条线，创建完后单击鼠标右键确认线形，如图2.30所示。

单击鼠标反键确定线形，单击修改按钮，在修改面板中展开线形的子树，在修改样条线面板中的 分别为所选线的顶点、线段、样条线（图2.31~图2.33）。其快捷键分别为数字"1、2、3"。选中可对其进行修改编辑。如图2.34所示，移动角的顶点位置。

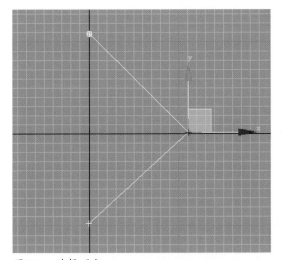

图2.31　选择顶点

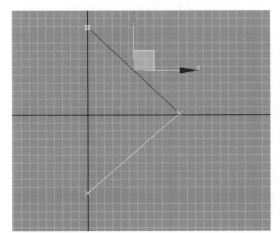

图2.32　选择线段

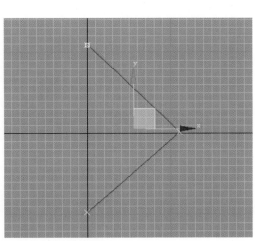

图2.33　选择样条线

使用顶点倒角：在修改顶点面板【Geometry】（几何）展卷栏中选择【Chamfer】（切角），此按钮为顶点的倒角命令，在视图中鼠标左键单击顶点相应的位置进行拖曳，可控制顶点倒角的大小。如图2.35所示。使用顶点圆角：在修改顶点面板【Geometry】展卷栏中点击【Fillet】（圆角）按钮，此按钮为顶点的圆角命令，同上操作。如图2.36所示。

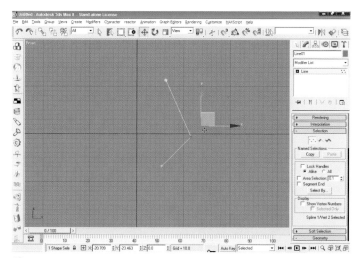

图2.34

选择当前样条线，在【Modifier List】修改器列表下拉中选择【Lathe】（车削）命令，使用车削命令后，得到一个其线形以X轴为中心旋转360°的实体。如图2.37所示。

展开【Lathe】修改命令的子树，选择【Axis】（轴），在视图中单击鼠标左键沿【X】轴拖曳移动轴心位置，如图2.38~图2.39所示。物体

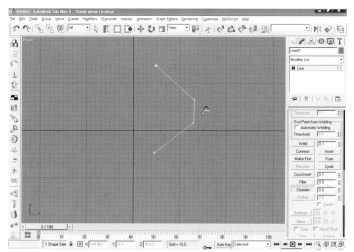

图2.35

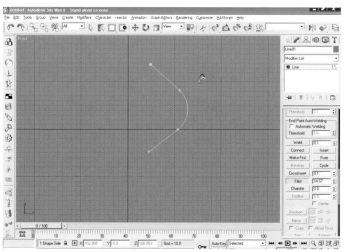

图2.36

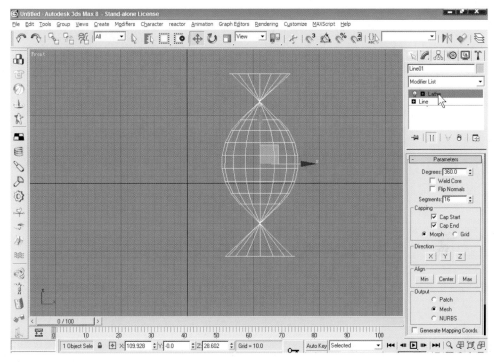

图2.37

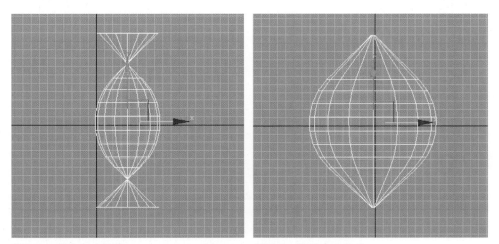

图2.38 移动中心轴前　　　　　　　图2.39 移动中心轴后

随着轴心的移动而改变形状，切换透视图查看，得到一个法线
反转的物体，如图2.40所示。

在【Axis】（轴）修改面板【Parmeters】（参数）卷展栏中勾选
【Flip Normals】（翻转法线），透视图中物体得到翻转法线的效果，
如图2.41~图2.42所示。

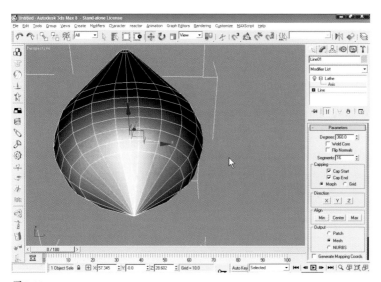

图2.40

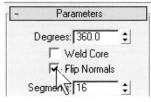

图2.41

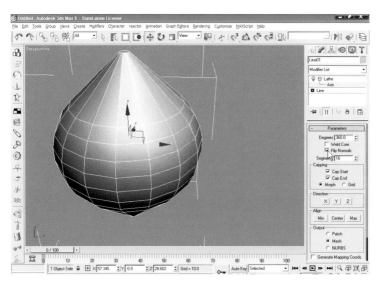

图2.42

图2.43

图2.44

图2.45

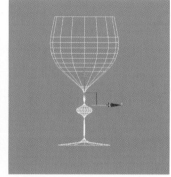

图2.46

例：创建高脚酒杯

在创建面板中选择【Graphics】按钮，使用【Line】（线）命令在前视图中绘制高脚酒杯物体半边的线形，如图2.43所示。展开【Line】子树，在【Selection】（选择）卷展栏中选择顶点，调整顶点为最佳位置，如图2.44所示。

在其修改面板【Geometry】展卷栏中点击【Fillet】（圆角），依据高脚酒杯物体的轮廓对顶点进行倒圆角，使高脚酒杯部分轮廓变得圆滑，如图2.45所示。

在【Modifier List】修改器列表下拉菜单中选择【Lathe】（车削）命令，得到高脚酒杯大致效果，展开【Lathe】子树，选择【Axis】（轴），将其轴移动到最佳效果位置，如图2.46所示得到完整高脚酒杯。切换透视图查看模型效果，如图2.47所示。

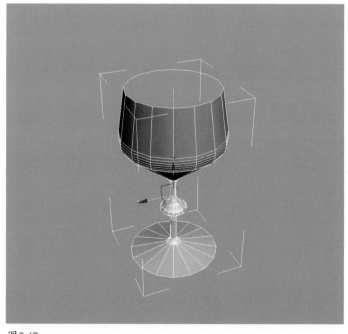

图2.47

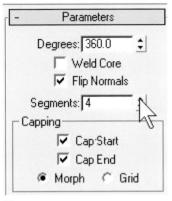

图2.48

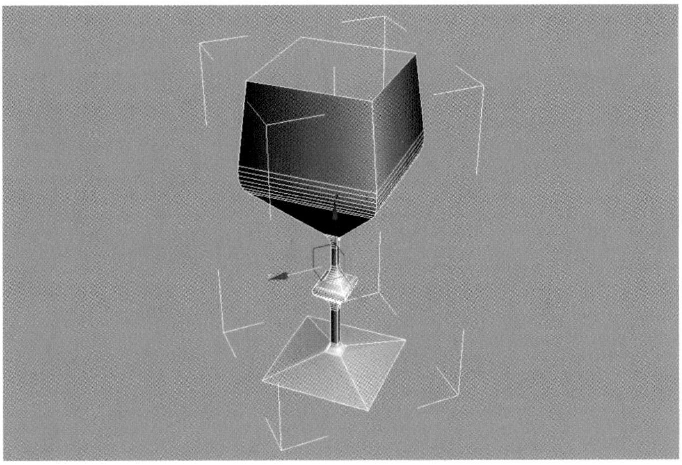

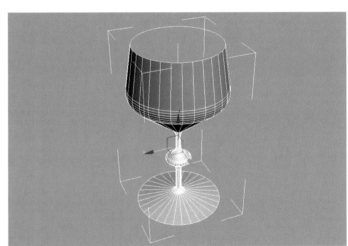

图2.49

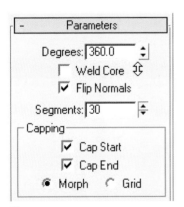

图2.50

图2.51

　　在【Parameters】展卷栏中可调整高脚酒杯的变数，变数越多则越圆滑，如图2.48~图2.51所示。

　　在【Modifier List】修改器列表下拉中选择【Shell】壳命令，使其线形加厚，得到完整高脚酒杯的效果，如图2.52所示。

图2.52

2.6   HSDS 修改器的使用

依次单击 按钮，选择【Box】，在视图中创建一个长方体，分别增加长度分段、宽度分段、高度分段的段数，如图2.53所示。

将长方体转换为【Editable Poly】（可编辑多边形），在视图中选择长方体上方四排顶点，使用缩放工具将其放大，如图2.54所示。

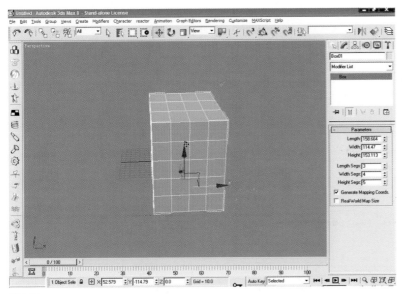

图2.53

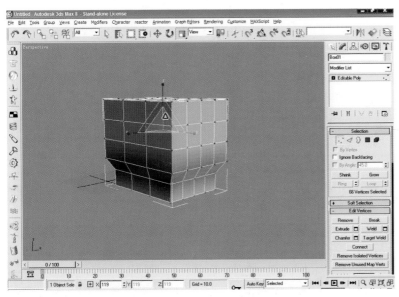

图2.54

选择上方两排顶点，同上操作，选择顶点进行放大，如图2.55所示。

在修改器列表下拉菜单中选择HSDS修改器，使用选择面选择视图中最上方的一面，在修改面板【HSDS Parameters】参数展卷栏中单击【Subdivide】（细分）按钮，物体被选择的面得到一个圆滑效果，再次点击细分按钮则再细分一次，如图2.56所示。

小提示：

在修改器列表下拉菜单中选择网格平滑修改器，则整个物体得到圆滑效果。

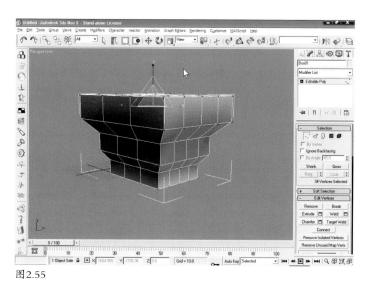

图2.55

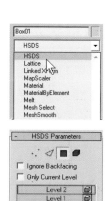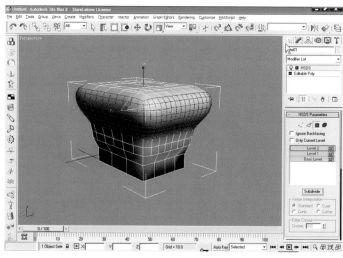

图2.56

2.7　FFD 修改器的使用

依次单击 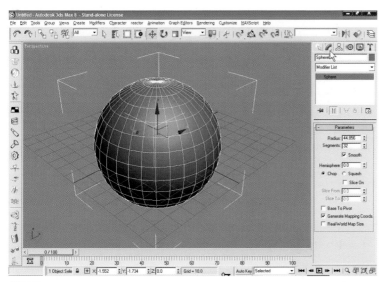 按钮，选择【Sphere】（球体），在视图中任意创建一个球体，如图2.57所示。

在修改器列表下拉菜单中选择【FFD 4×4×4】修改器，如图2.58所示。

在【FFD 4×4×4】修改面板中展开【FFD 4×4×4】子树，选择子树中【Control Points】（控制点）。在视图中选择球体上方控制点，并使用移动工具将其所选控制点向上移动，则球体随着控制点位置的改变而变化形体，如图2.59~图2.60所示。

图2.57

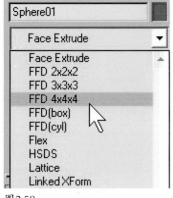

图2.58

图2.59

选择球体中间两排控制点，使用缩放工具进行放大，球体中间控制点被拉伸，则球体形状随着控制点的改变而改变，如图2.61所示。

在视图中创建一个长方体，在修改器列表下拉菜单中选择【FFD 2×2×2】修改器，选择顶上方一排控制点，并使用移动工具改变控制点位置，则该长方体只发生倾斜效果，如图2.62所示。

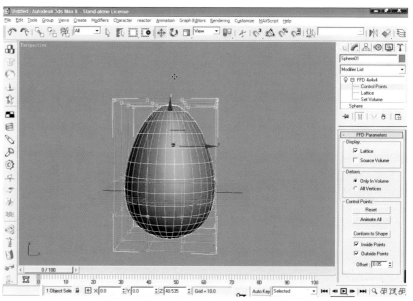

图2.60

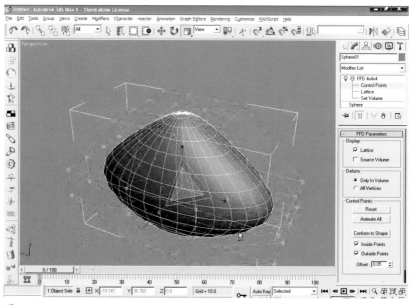

图2.61

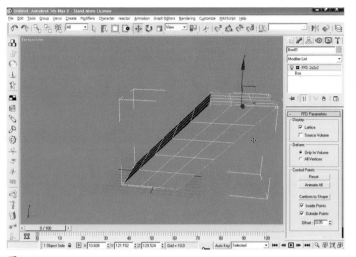

图2.62

同上做法，在修改器列表下拉菜单中选择【FFD 3×3×3】修改器，移动控制点，则该长方体得到一个弧形弯曲效果，如图2.63所示。

在修改器下拉列表菜单中选择【FFD Box】修改器，在【FFD Parameters】参数展卷栏中点击【Set Number of Points】（设置点数）按钮，在弹出的对话框中可设置控制点的长度、宽度、高度的数值，如图2.64~图2.65所示。

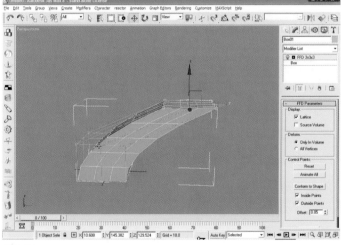

图2.63

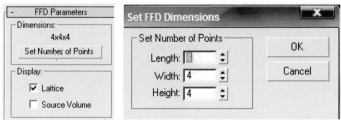

图2.64　　图2.65

2.8　躁波修改器的使用

依次单击 ⬚⬚ 按钮，选择【Plane】，在视图创建一个平面，在其修改面板参数展卷栏中将长度分段与宽度分段调大，如图2.66所示。

在修改器列表下拉菜单中选择【Noise】（躁波）修改器，在参数展卷栏【Strength】(强度) 中可调整各个轴向的躁波强度，其主要为【Z】轴控制躁波高低，如图2.67~图2.69所示。

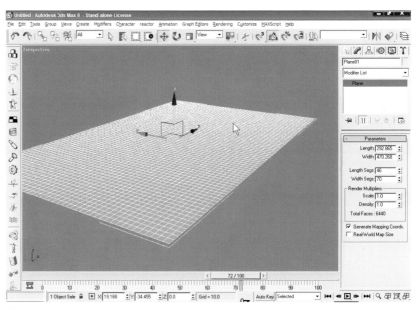

图2.66

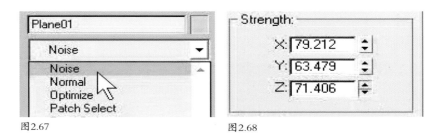

图2.67　　　　　　　　　　　　　　　　　　　图2.68

在参数展卷栏躁波参数面板中可调整【Scale】（比例），数值越大，则躁波度越大，如图2.70~图2.71所示。

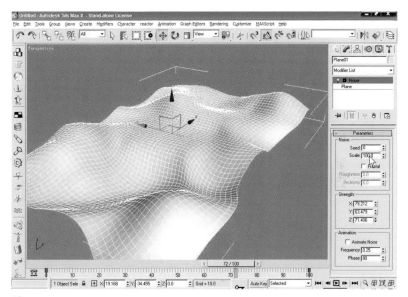

图2.69

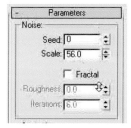

图2.70

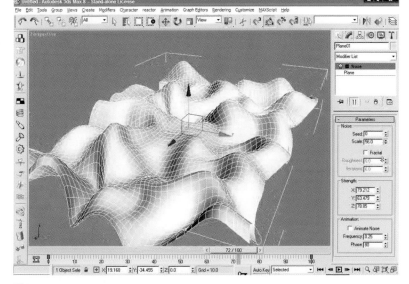

图2.71

例：制作座椅

依次单击 ![按钮] 按钮，选择【线】工具在前视图中绘制一个椅子的侧面，如图2.72所示。

在其修改面板中选择【点】，将视图中的顶点分别调整到合适位置，在其修改面板中点击【Fillet】命令，分别将视图中的顶点进行倒角，如图2.73所示。

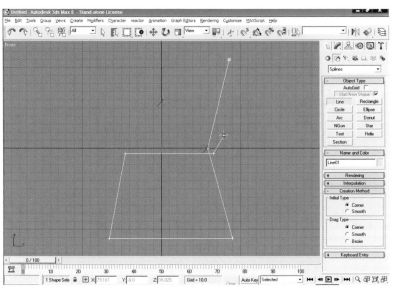

图2.72

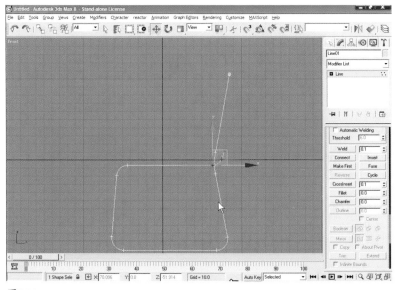

图2.73

选择视图中顶点，将其向外移动，如图2.74所示。

切换到透视图，在其修改面板【Rendering】渲染展卷栏中分别勾选【Enable In Renderer】（在渲染中启用）和【Enable In Viewport】（在视图中启用)选项，则视图中的线形得到一个实体，如图2.75~图2.76所示。

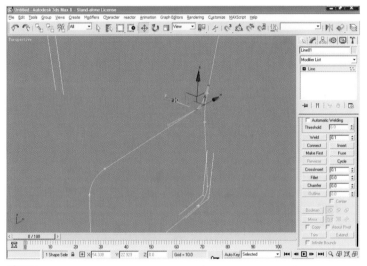

图2.74

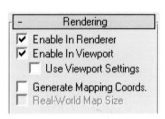

图2.75

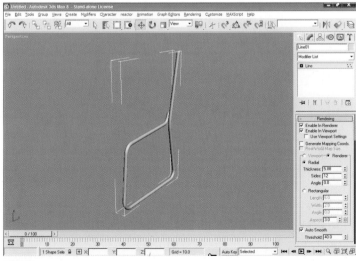

图2.76

将视图中椅子的结构对外进行复制，单击工具栏中的镜像按钮，将其进行镜像，如图2.77所示。

在其修改面板几何体展卷栏中点击【附加】命令，在视图中将两个椅子结构附加为一个物体，如图2.78~图2.79所示。

在其修改面板几何体展卷栏中点击【Connect】命令，在视图中将两个椅子结构进行连接，如图2.80所示。

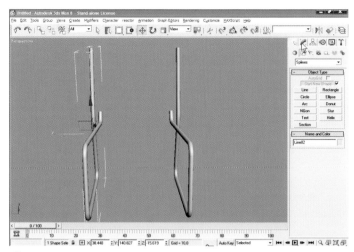

图2.77

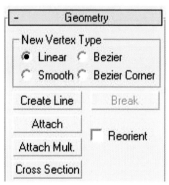

图2.78

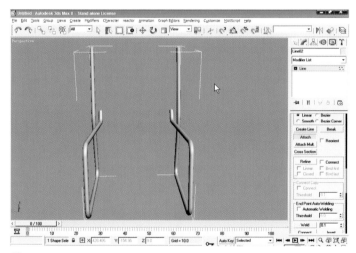

图2.79

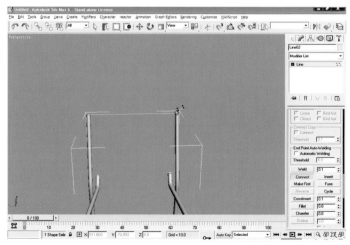

图2.80

　　选择节点，在当前视图中单击鼠标右键，在弹出的工具条中选择【Corner】命令，如图2.81~图2.82所示。

　　在几何体展卷栏中选择【Fillet】圆角命令，在视图中选择上方顶点进行倒角，如图2.83所示。

　　切换为左视图，将视图中椅子脚与另一端创建一条线，并勾选可渲染选项，如图2.84所示。

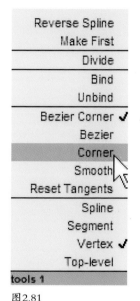

图2.81

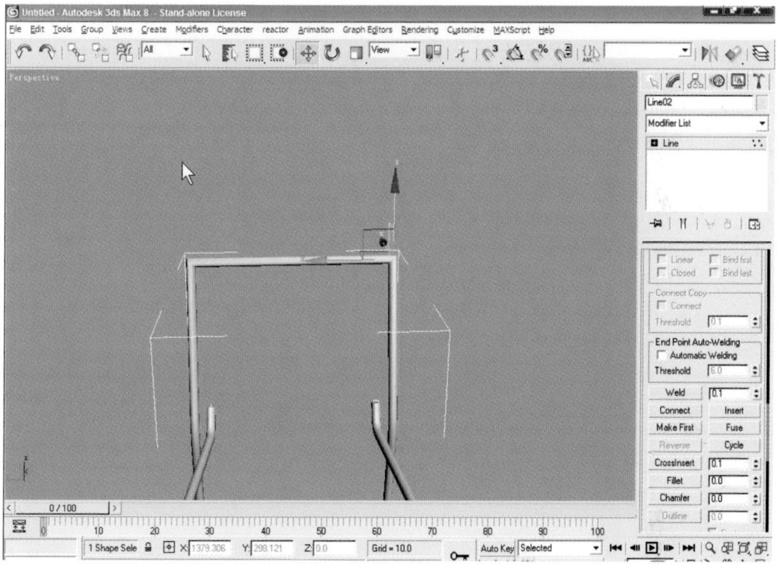

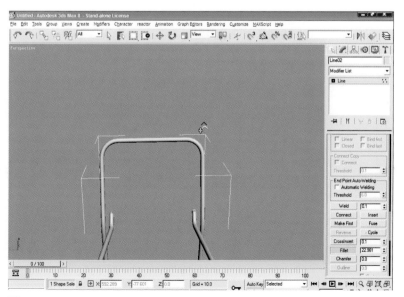

图2.82

图2.83

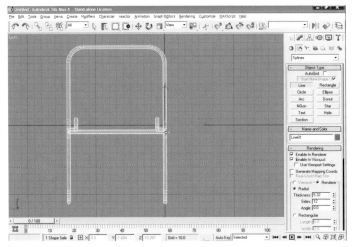

图2.84

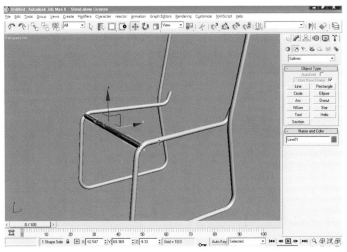

图2.85

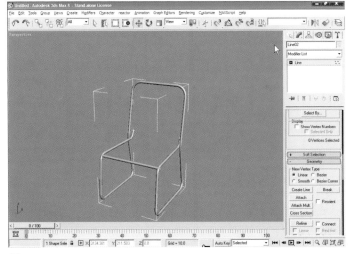

图2.86

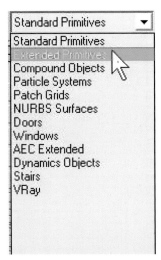

图2.87

使用移动工具将图2.84创建的线移动到前段位置，如图2.85所示。

在修改面板中使用附加命令，将其与椅子结构附加为一体，如图2.86所示。

在创建面板中点击【Standard Primitives】（标准基本体），在下拉菜单列表中选择【Extended Primitives】（扩展基本体），选择【ChamferBox】（切角长方体），在顶视图创建一个切角长方体为座椅垫，如图2.87~图2.88所示。

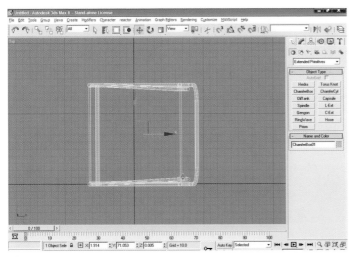

图2.88

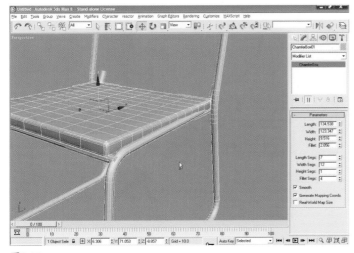

图2.89

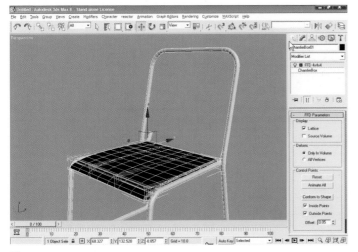

图2.90

切换透视图，使用移动工具将其移动到适当位置，在修改面板参数展卷栏中调整各项适当参数，如图2.89所示。

在修改器列表下拉菜单中选择修改器【FFD 4×4×4】命令，在其修改面板中展开【FFD 4×4×4】子树并选择【控制点】，在视图中选择点，分别使用缩放和移动工具将座椅垫进行细部调整，并将其颜色更换为黑色，如图2.90所示。

将坐垫对外复制一个，作为休闲椅靠背，使用旋转工具将其与结构平齐对称，如图2.91所示。

在其修改面板中降低其高度数值，在修改器下拉菜单中选择修改器【FFD 4×4×4】命令，在视图中选择【控制点】，分别使用移动工具进行细部调整，使其与结构框架协调，如图2.92所示。

座椅制作完成，如图2.93所示。

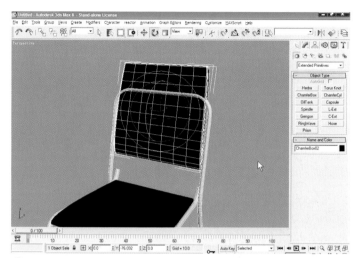

图2.91

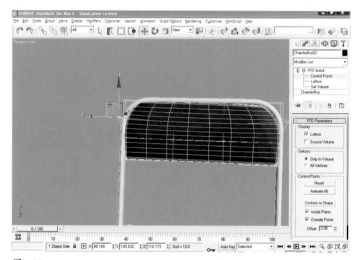

图2.92

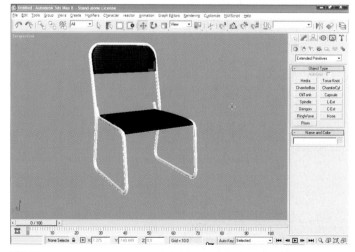

图2.93

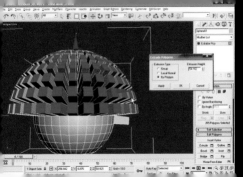

3 3DS max 可编辑多边形的运用

3.1 多边形的选择方式

依次单击 🔲 🔵 按钮，选择长方体，在视图中创建一个长方体，如图3.1所示。

在视图中单击鼠标右键，在弹出的工具条中选择【Convert To Editable Poly】（转换为可编辑多边形），则物体转换为可编辑多边形，如图3.2所示。

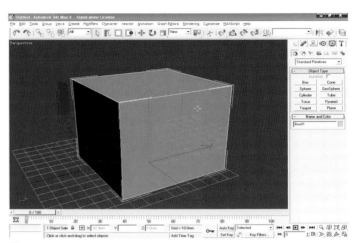

图3.1

图3.2

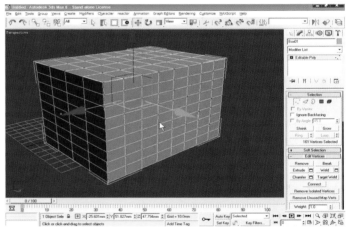

图3.3

在其修改器面板【Selection】（选择）展卷栏中，🔲 按钮为选择多边形物体的点，点击则被选择的点自动转换为红色，如图3.3所示。

该展卷栏中 🔲 按钮为选择多边形物体的线，如图3.4所示。

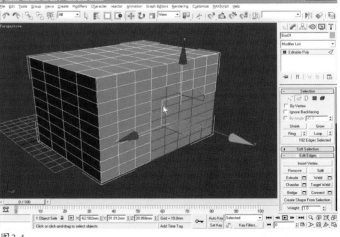

图3.4

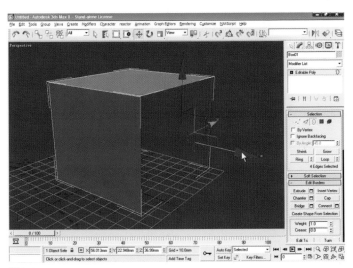

图3.5

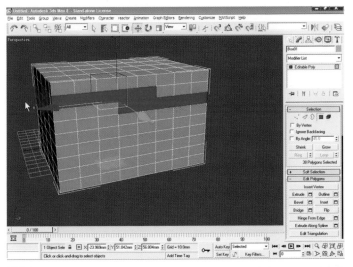

图3.6

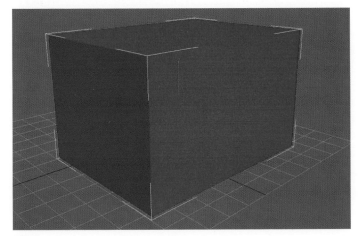

图3.7

图3.8

该展卷栏中 按钮为选择多边形物体的边界，但只有在没有面的情况下才能选择边界，如图3.5所示。

该展卷栏中 按钮为选择多边形物体的面，如图3.6所示。

该展卷栏中 按钮为选择多边形物体的元素，如图3.7所示。

小提示：

在选择元素时，只有在该多边形由多个物体组成时可选择多个元素，单物体为一个元素，多个物体附加组成也是多个元素。

在选择展卷栏中勾选【Ignore Backfacing】（忽略背面）选项，则在选择时该物体背面的部分不会被选中，如图3.8~图3.9所示。

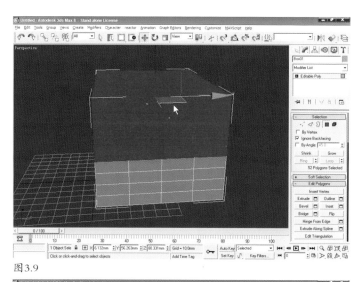

图3.9

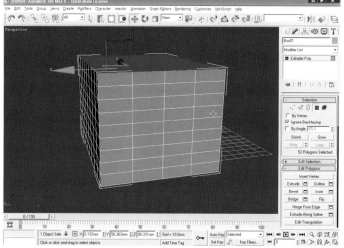

图3.10

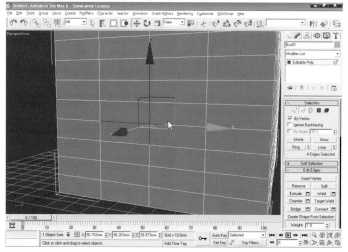

图3.11

将视图旋转到背面观察，没有被选中，如图3.10所示。

小提示：

若不勾选此项，则所选择物体面的背面同时被选中。

在【Selection】展卷栏中勾选【By Vertex】（按顶点）选项，在选择多边形的线时，点击视图中该物体由线相交所组成的点，则此时选择的是该点连接的边，如图3.11~图3.12所示。

图3.12

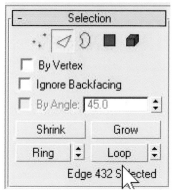

图3.13

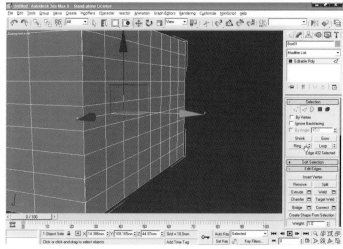

图3.14

在视图中选择多边形任意一条线段，点击选择展卷栏中的【Loop】（循环）按钮，则所选择的边为围绕一圈的边线，如图3.13~图3.15所示。

点击【Selection】展卷栏中【Ring】（环形）按钮，则选择该物体所有该轴向环绕的边，如图3.16~图3.17所示。

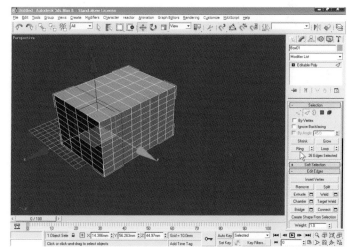

图3.15

图3.16

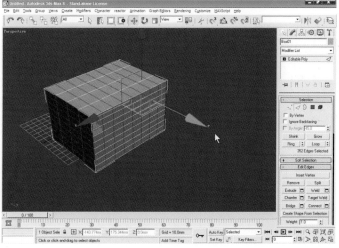

图3.17

3.2 多边形的编辑顶点

依次单击 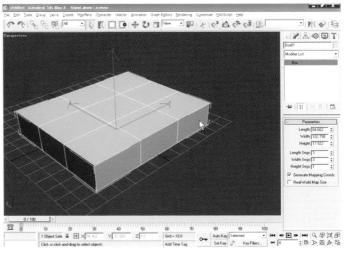 按钮，在视图中创建一个长方体，以线形方式显示，增加分段数，如图3.18所示。

3.2.1 【Remove】(移除) 命令

将其长方体转换为可编辑多变形，当选择点时，在修改器面板会出现【Edit Vertices】(编辑顶点)展卷栏，在其卷展栏中使用【Remove】命令表示将选择的顶点移除，若当前选中角顶点时，则角被移除，如图3.19~图3.21所示。

图3.18

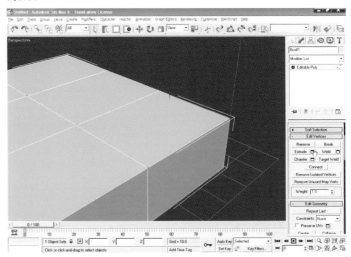

图3.20

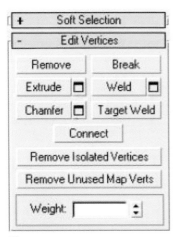

图3.19

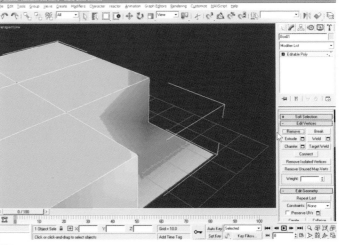

图3.21

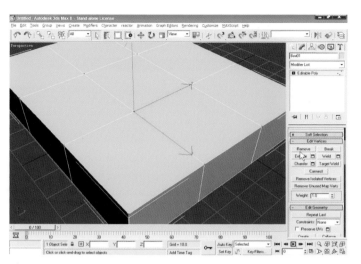

图3.22

在选择面上顶点的情况
下点击移除命令，则点消失，
如图3.22~图3.23所示。

3.2.2 【Break】（炸开）命令

在当前选择点的情况下，
点击修改器面板编辑顶点展
卷栏中【Break】命令，则当
前选择顶点被炸开，此顶点
炸开来的顶点个数由所组成
的面数来决定，如图3.24~图
3.26所示。

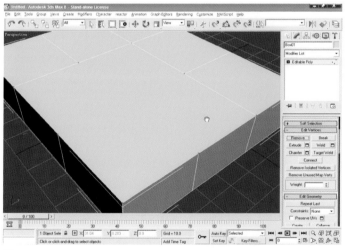

图3.23

图3.24

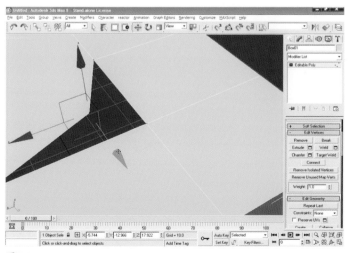

图3.25

3.2.3 【Extrude】（挤出）命令

选择视图中多边形，选中任意顶点，点击修改器面板编辑顶点展卷栏中【Extrude】命令，则当前选择的点被挤出。在弹出的挤出顶点对话框中调整数值，则挤出顶点高度与基面宽度由数值决定，如图3.27~图3.28所示。

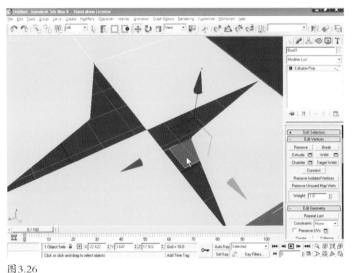

图3.26

图3.27

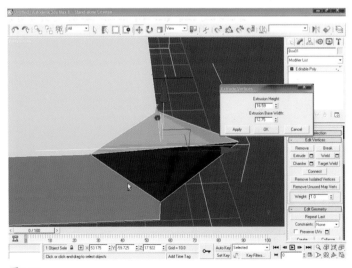

图3.28

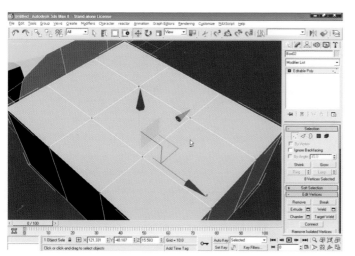

图3.29

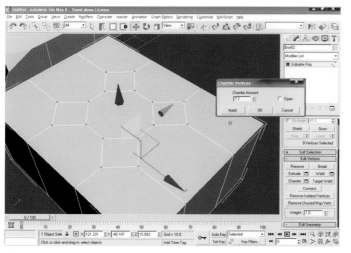

图3.30

3.2.4 【Chamfer】(切角)命令

在视图中创建另一个长方体，选中视图中该多边形的任意顶点，在修改器面板编辑定点展卷栏中点击【Chamfer】(切角)命令，则当前选中顶点被倒角，如图3.29~图3.30所示。

在弹出倒角顶点对话框中可调整倒角数值，倒角的大小由数值来决定。在其对话框中点击【Apply】应用命令，则当前命令再次使用，如图3.31~图3.32所示。

图3.31

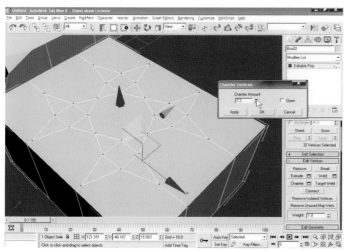

图3.32

多次点击应用并调整数值，则可倒出圆形面，如图3.33所示。

3.2.5 【Target Weld】 （焊接）命令

在修改器面板编辑顶点展卷栏中点击【Target Weld】命令，选择视图中任意顶点，再选择另一顶点，则第一顶点向第二顶点焊接，如图3.34~图3.36所示。

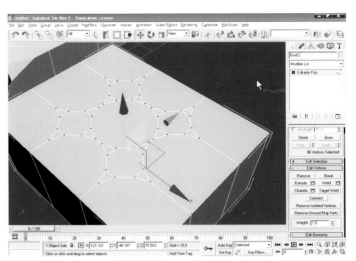

图3.33

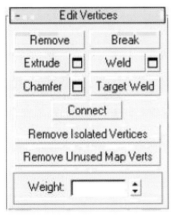

图3.34

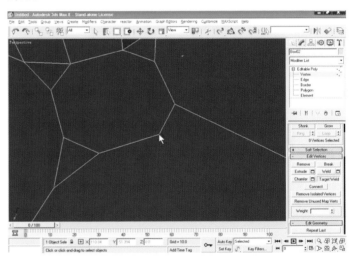

图3.35

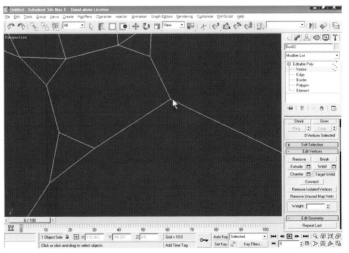

图3.36

3.3　多边形的面编辑

在选择面的情况下，点击修改器面板【Editable Polygons】（编辑多边形）展卷栏中【Extrude】（挤出）命令，在弹出的挤出多边形对话框中可调整挤出数值与挤出类型，若选择【Group】（组）选项，则当前选择的面以整体向上挤出，如图3.37~图3.39所示。

若选择【Local Normal】（局部法线）选项，则当前选择的面以整体向外挤出，如图3.40所示。

若选择【By Polgon】（按多边形）选项，则当前选择面以各自面向外挤出，如图3.41所示。

图3.37

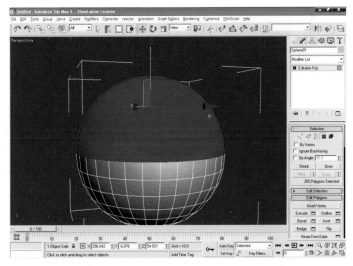

图3.38

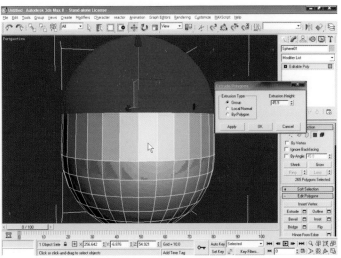

图3.39

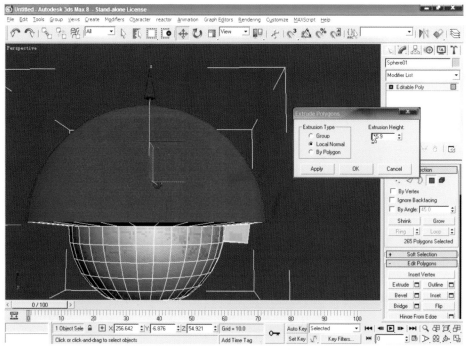

图 3.40

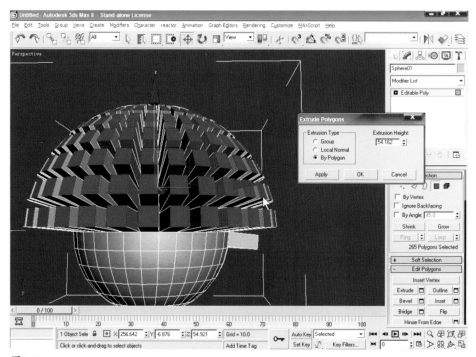

图 3.41

3.4 多边形的基础编辑

依次单击  按钮，在视图中创建一个长方体，如图3.42所示。

在修改器面板中将其长方体所对应的"宽度分段"和"高度分段"分别调为5，按键盘上【F4】键，显示实体线形分段段数，如图3.43所示。

在视图中点击鼠标右键，在弹出的工具条中选择【Convert To Editable Poly】（转换为可编辑多边形），如图3.44所示。

在视图中选中长方体，将其向右复制一个，在"克隆"选项里选择"复制"选项，如图3.45所示。

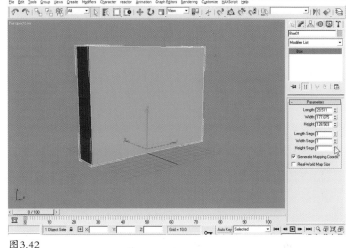

图3.42

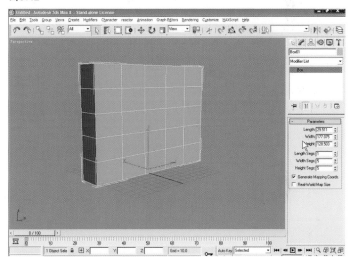

图3.43

图3.44

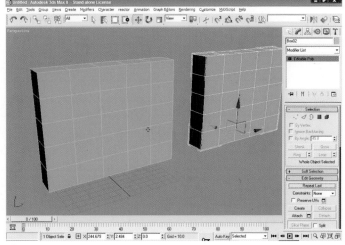

图3.45

在多边形修改器面板【Selection】（选择）展卷栏中选择面，勾选【lgonre Backfacing】（忽略背面），在视图中选中第一个长方体的正面，如图3.46~图3.47所示。

在修改器【Edit Polygons】（编辑多边形）展卷栏中点击【Inset】（插入）旁的 按钮，在弹出的插入多边形对话框中选择【Group】（组）选项，调整插入数量，则只插入被选择面组，如图3.48~图3.49所示。

图3.46

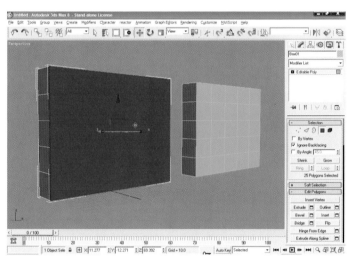

图3.47

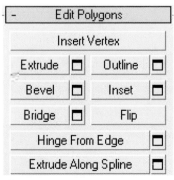

图3.48

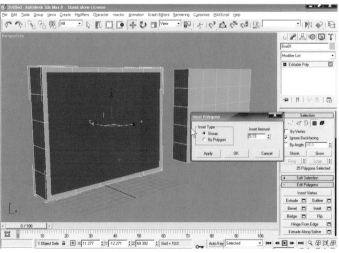

图3.49

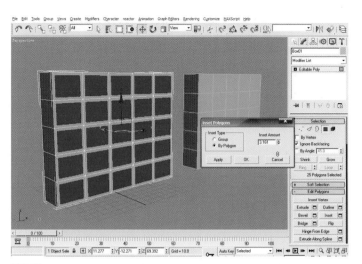

图3.50

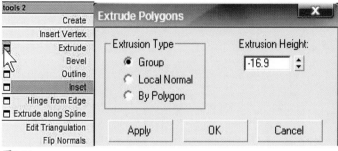

图3.51

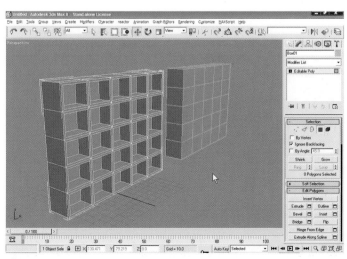

图3.52

小提示：

如直接点击【Inset】按钮，则为手动插入方式，点击□按钮则为调整数量插入方式。

若在对话框中选择【By Polygon】（按多边形）选项，调整插入数量，则插入所选多边形单面，如图3.50所示。

小提示：

在视图中选择方体，点击鼠标右键也会弹出编辑多边形工具，与修改器面板所对应的相同。

在视图中单击鼠标右键，在弹出的工具条中选择【Extrude】（挤出）旁的小方框按钮，在弹出的挤出多边形对话框中选择【Group】（组）选项，调整数量为负值，点击【OK】按钮，如图3.51～图3.52所示。

在视图中选择第二个长方体，同上操作，选择长方体的正面，使用【Ait】减选中间部分，如图3.53所示。

在视图中单击鼠标右键，在弹出的工具条中选中【Inset】旁的小方框按钮，在弹出的对话框中选择按多边形插入，调整插入数值，如图3.54所示。

在【Editable Poly】（编辑多边形）修改器面板展卷栏中点击【Extrude】（挤出）旁的小方框按钮，在弹出的挤出多边形对话框中选择按多边形插入，调整挤出数值，如图3.55所示。

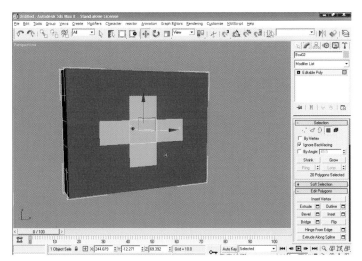

图3.53

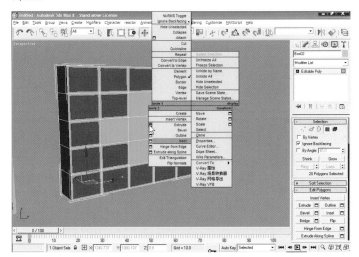

图3.54

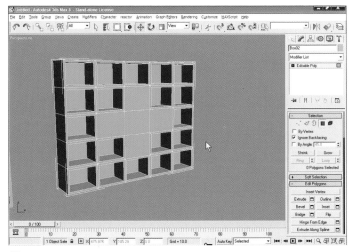

图3.55

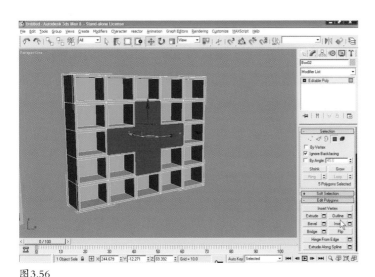

图 3.56

同上操作，选择中间未挤出的面，如图3.56所示。

使用挤出命令，在弹出的挤出多边形对话框中选择组，调整挤出数量，如图3.57~图3.58所示。

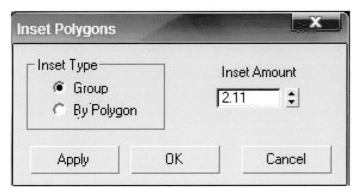

图 3.57

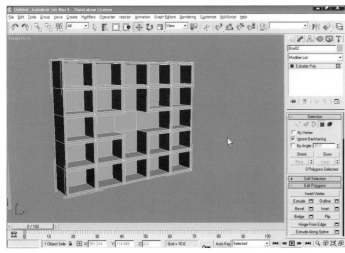

图 3.58

例：制作罗马柱场景

依次单击 按钮，选择【Cylinder】（圆柱体），在视图中创建一个圆柱体，在其修改器面板参数展卷栏中增加边数，调整高度分段为"3"，如图3.59所示。

在视图中单击鼠标右键，在弹出的工具条中选择【Convert to Editable Poly】（转换为可编辑多边形），如图3.60所示。

切换前视图，在视图中选择物体中间两排顶点，使用缩放工具对其沿【Y】轴进行缩放，如图3.61所示。

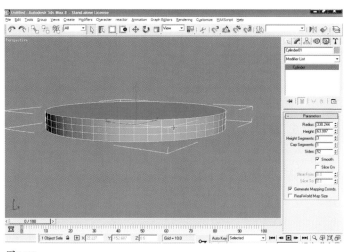

图3.59

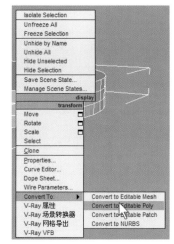

图3.60

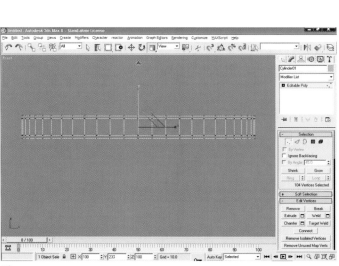

图3.61

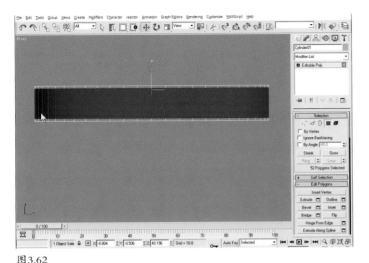

图3.62

在前视图中选择物体中间部分的面，如图3.62所示。

在修改器面板中点击【Bevel】（倒角）命令旁的小方框，在其弹出的对话框选中选择【Local Normal】（局部法线）选项，调整高度数值与轮廓量，点击【Apply】（应用）命令。连续以相同操作调整其参数并点击应用命令，使其变得圆滑，点击【OK】命令，如图3.63~图3.65所示。

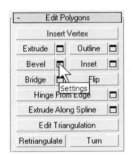

图3.63

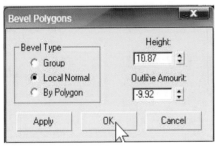

图3.64

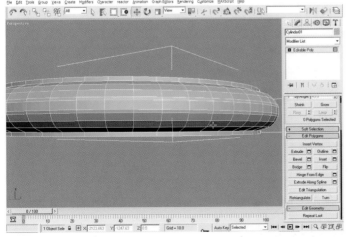

图3.65

在视图中选中物体顶面，单击鼠标右键，在弹出的工具条中选择
【Extrude】（挤出）旁的小方框，选择【Group】（组）命令向上挤出，如图
3.66所示。

使用【Inset】（插入）命令将其进行收边，再次使用挤出命令，调整
适当挤出数量向上挤出，如图3.67所示。

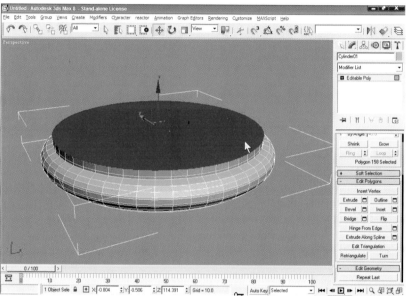

图3.66

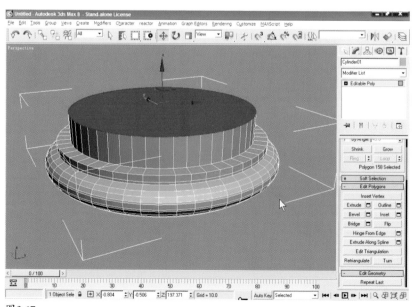

图3.67

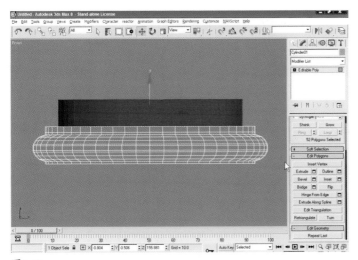

图3.68

切换到前视图，选择视图中物体上半部分的面，如图3.68所示。

点击修改面板中【Inset】（插入）命令旁的小方框，在弹出的对话框中选择【By Polygon】（按多边形）选项，适当调整插入量数值，如图3.69~图3.71所示。

在视图中单击鼠标右键，在弹出的工具条中点击【Bevel】（倒角）命令旁的小方框，在弹出对话框中选择【Local Normal】选项，调整其参数，如图3.72~图3.73所示。

图3.69　　　　　　图3.70

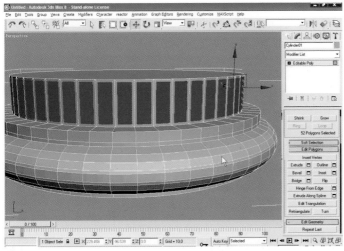

图3.71

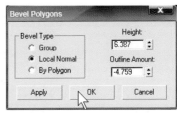

图3.72

同上操作，选择顶面使用【Inset】（插入）命令进行收边，选择【Extrude】（挤出）命令向上挤出，如图3.74所示。

选择上一部所有被挤出的侧面，以制作底座相同方法，将其连续使用倒角命令，使其变得圆滑，如图3.75所示。

选择顶面，使用插入命令将其面收边，再使用挤出命令调整挤出数值，将其面向上挤出，得到一个支撑柱，如图3.76所示。

在视图中选择上一步被挤出的所有侧面，使用插入命令进行收边，如图3.77所示。

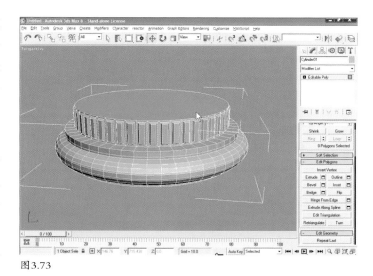

图3.73

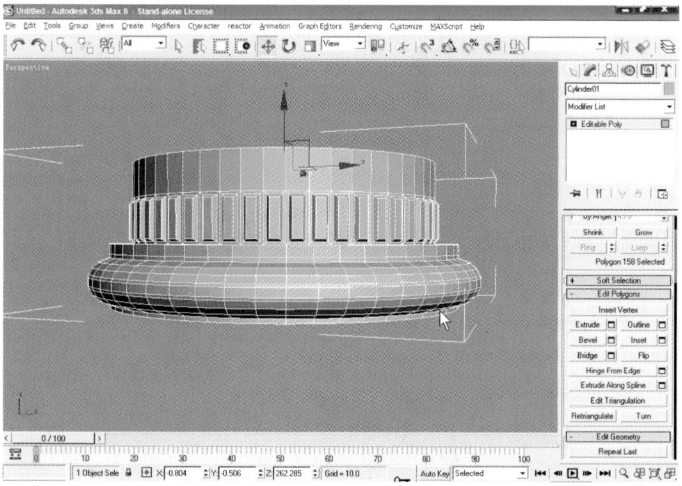

图3.74

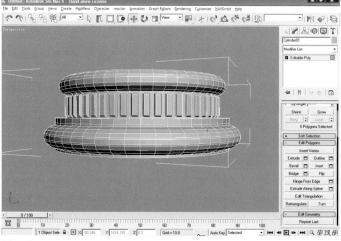

图3.75

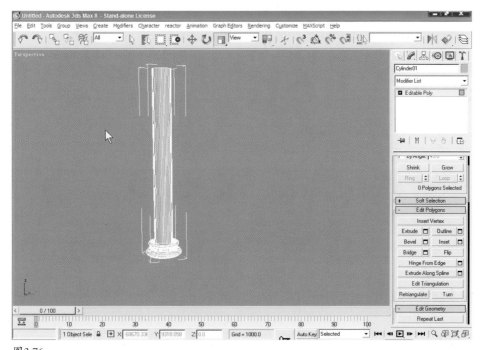

图3.76

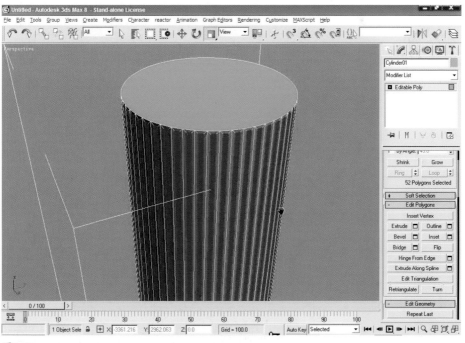

图3.77

使用倒角命令将其进行倒角，如图3.78所示。

切换到前视图，选中底部所有的面，如图3.79所示。

在视图中选中柱体底座，将其向上复制移动，在弹出的对话框中选择【Clone To Element】（克隆到元素）选项，使用移动工具将其调整到合适位置，开启角度捕捉，使用缩放工具将其旋转180度，如图3.80~图3.81所示。

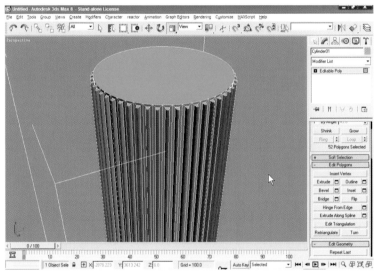

图3.78

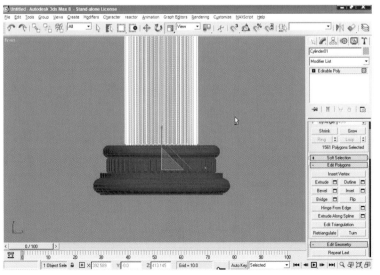

图3.79

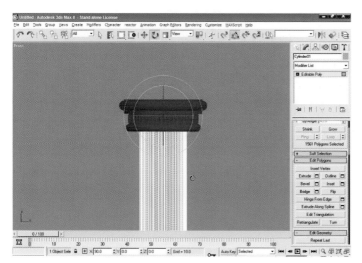

图3.80

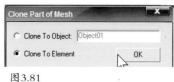

图3.81

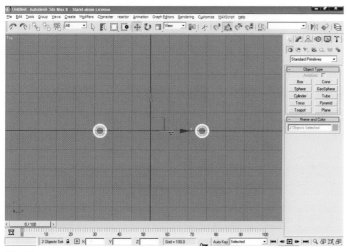

图3.82

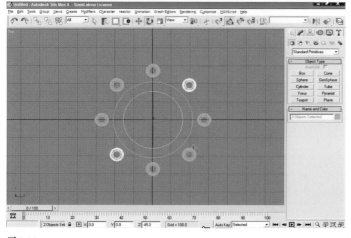

图3.83

在顶视图中选中完整柱体进行对外移动复制,调整数量为1;同时选中两根柱子,将其放在网格中心轴位置,如图3.82所示。

开启角度捕捉,使用旋转工具,按住键盘上【Shift】键,将其进行45°旋转复制,调整复制数量为3,如图3.83~图3.84所示。

单击创建面板中几何体
按钮，在对象类型中选择
【Tube】（管状体），在顶视图
中创建一个中空圆柱体，在
修改器面板参数展卷栏中增
大其边数数值，将其侧面段
数调整为3，如图3.85所示。

将其转换为可编辑多边
形，在前视图中选择侧面下
方的底下两层的所有面（不
包括底面），如图3.86所示。

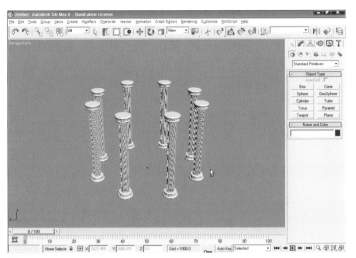

图3.84

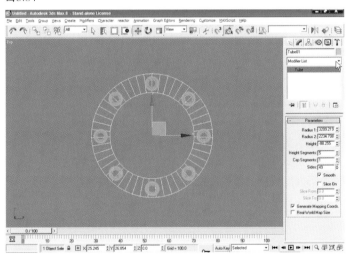

图3.85

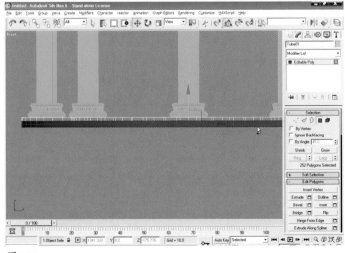

图3.86

使用【Extrude】（挤出）命令，在弹出的对话框中选择【Local Normal】选项，以相同操作，再选择下面的一层所有面进行挤出，得到一个台阶模型，如图3.87~图3.88所示。

在视图中选中台阶部分，将其进行镜像复制，并向上移动调整到合适位置。由此罗马柱场景制作完成，如图3.89所示。

图3.87

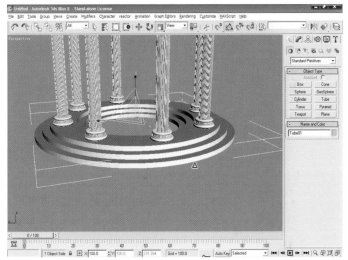

图3.88

图3.89

例：运用可编辑多边形创建窗户

依次单击 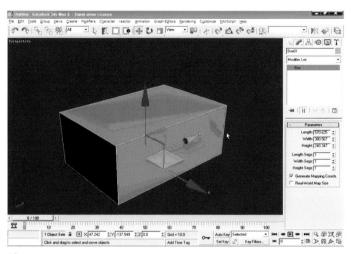，在顶视图中创建一个长方体，如图3.90所示。

在修改器面板中调整长方体长度、宽度和高度值以符合室内空间大小，将长方体转换为可编辑多边形，并选择该长方体所有面，如图3.91所示。

在其修改器面板编辑多边形展卷栏中单击【Flip】（翻转）命令，则视图中以法线显示长方体，如图3.92~图3.93所示。

图3.90

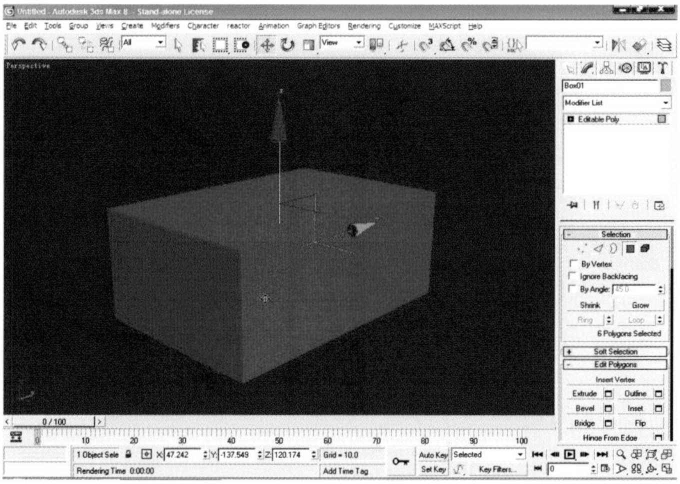

图3.91

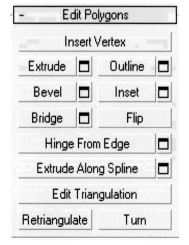

图3.92

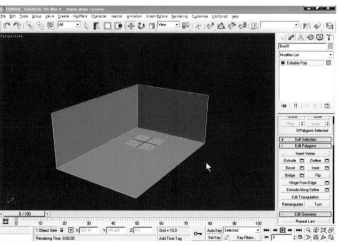

图3.93

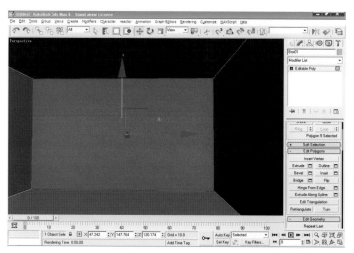

图3.94

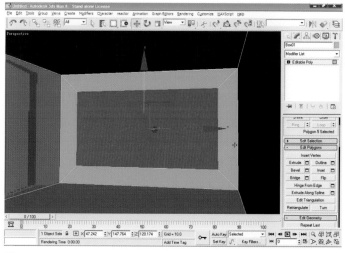

图3.95

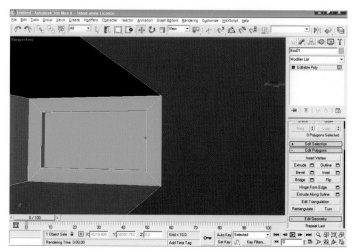

图3.96

创建窗户有两种方法。

第一种方法

在视图中选择多边形其中的一个墙体面，如图3.94所示。

在修改器面板编辑多边形展卷栏中选择插入命令，调整插入数值，得到窗户的面，如图3.95所示。

选择窗户的面，在修改器面板编辑多边形展卷栏中选择插入命令，调整适当挤出数值，将窗户面向外挤出，如图3.96所示。

第二种方法

选择多边形另一个墙体面的上下两条边，如图3.97所示。

在其修改器面板编辑边展卷栏中选择【Connect】（连接）命令，在弹出的连接边对话框中将分段数值调整为2，如图3.98所示。

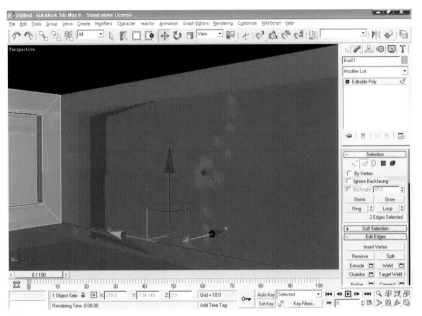

图3.97

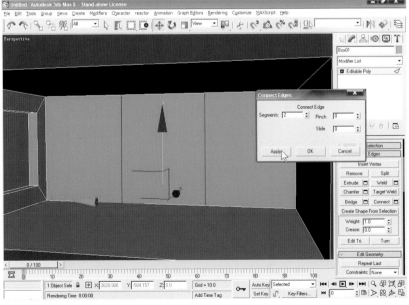

图3.98

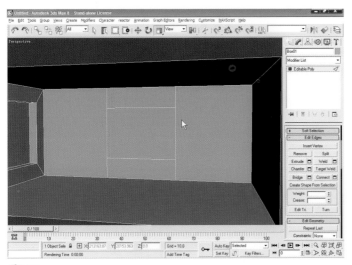

图3.99

图3.100

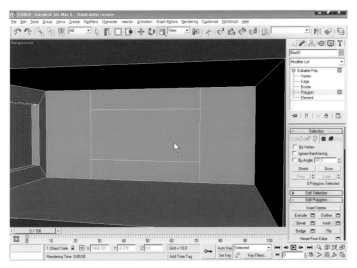

图3.101

在对话框中点击【应用】按钮，则在A、B两条边基础上再次连接两条边C、D调整其上下位置，如图3.99所示。

单击工具栏中"使用轴点中心"按钮不放，选择第2个命令（图3.100），选择A、B两条边，使用缩放命令将其选择的边沿Y轴等比例缩放，墙体中间得到一个窗户的面，如图3.101所示。

选择中间窗户的面，如图3.102所示。

在其修改器面板编辑多边形展卷栏中选择挤出命令，调整适当数值，将其面向外挤出，得到一个窗体结构，如图3.103所示。

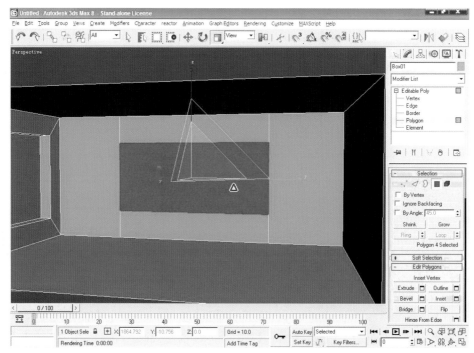

图 3.102

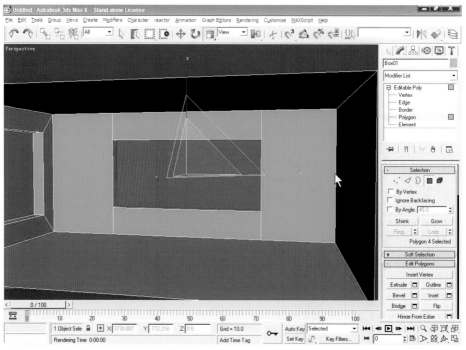

图 3.103

3DS max 布 尔 与 阵 列 的 使 用 详 解

4 3DS max 布尔与阵列的使用详解

4.1 布尔运算

依次单击 ◇ ◉ 按钮，在视图中创建两个长方体，如图4.1所示。

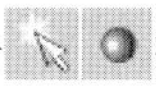

在创建面板中单击【Standard Primitives】（标准基本体），在弹出的下拉菜单列表中选择【Compound Objects】（复合对象），在对象类型展卷栏中选择【Boolean】（布尔）命令，如图4.2~图4.3所示。

在【Pick Boolean】展卷栏中单击【Pick Operand B】拾取操作对象B，在视图中点击蓝色长方体（B物体），则视图中蓝色长方体消失，黑色长方体（A物体）减去与蓝色长方体相交的部分，如图4.4~图4.5所示。

在参数展卷栏操作面板中选择【Union】（并集）选项，则视图中显示A物体与B物体合并部分，如图4.6~图4.7所示。

同上操作，若选择【Intersection】（交集）选项，则视图中两个物体只显示相交部分，如图4.8所示。

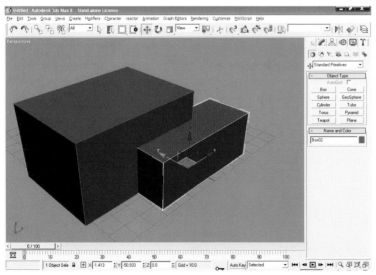

图4.1

图4.2

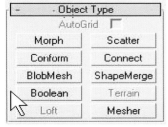

图4.3

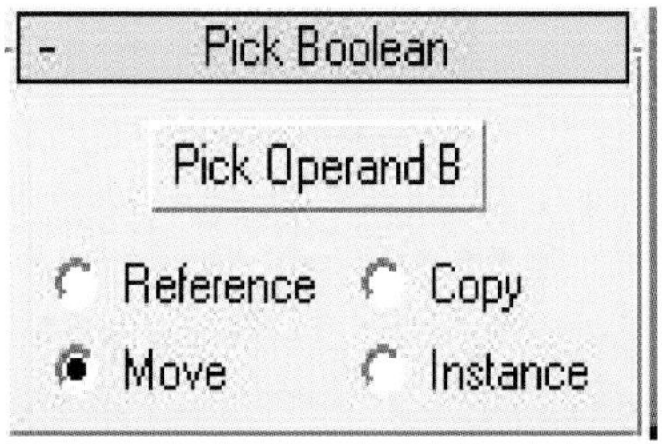

图4.4

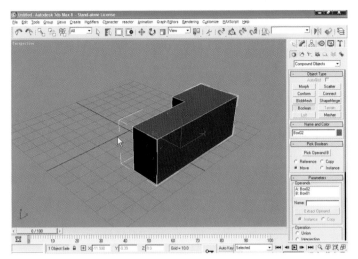

图 4.5

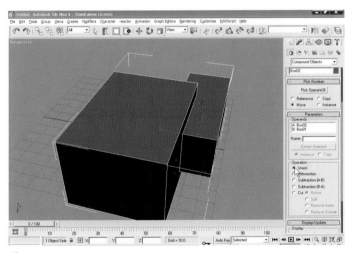

图 4.7

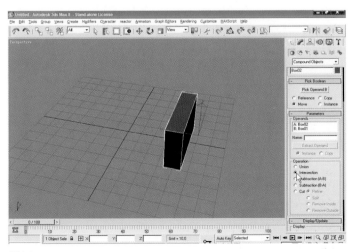

图 4.8

同上操作，若选择
【Subtraction [A-B]】（差集 [A-B]）
选项，则视图中显示A物体
减去B物体的部分，如图4.9
所示。

同上操作，若选择
【Subtraction [B-A]】（差集 [B-A]）
选项，则视图中显示B物体
减去A物体的部分，如图4.10
所示。

选择【Cut】（切割）命
令，再选择【Refine】优化选
项，则视图中显示以一个物
体的形状给它切线，如图
4.11~图4.12所示。

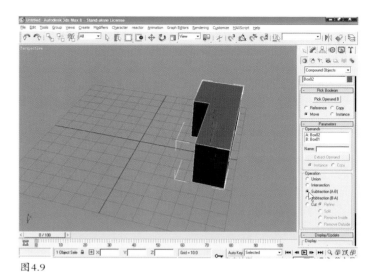

图4.9

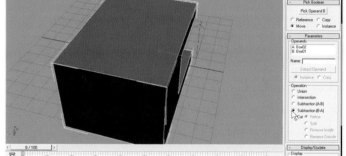

图4.10

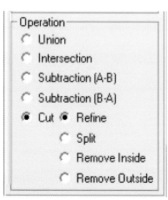

图4.11

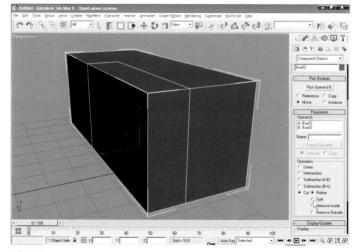

图4.12

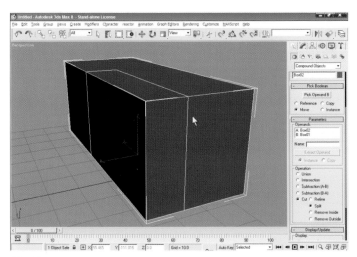

图4.13

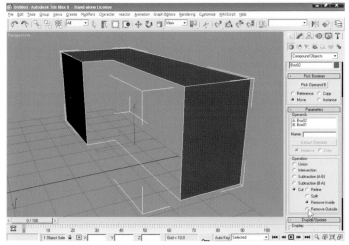

图4.14

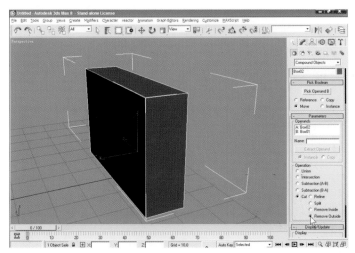

图4.15

若选择【Split】（分割）选项，则视图中显示B物体与A物体所组成的线分开，如图4.13所示。

若选择【Remove Inside】（移除内部）选项，则视图中显示移除A物体与B物体相交的面，如图4.14所示。

若选择【Remove Outside】（移除外部）选项，则视图中显示移除A物体与B物体相交以外的面，如图4.15所示。

例：运用布尔运算
创建烟灰缸

依次单击 [图标] [图标] 按钮，选择【Tube】（管状体）命令，在视图中创建一个管状体，如图4.16所示。

在其修改器面板中调整适当参数，点击【F4】键，显示物体分段，如图4.17所示。

在视图中单击鼠标右键，在弹出的工具条中选择【Clone】（克隆）命令，在弹出的克隆选项对话框中选择【Copy】（复制），点击【确定】按钮。如图4.18~图4.20所示。

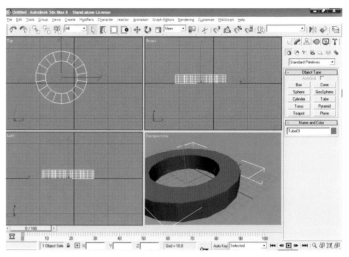

图4.16

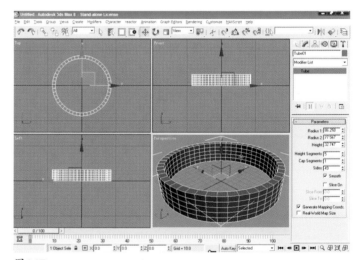

图4.17

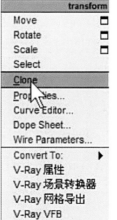

图4.18

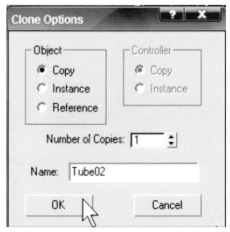

图4.19

小提示：

因为克隆的对象没有移动，所以两个物体重叠在一起。

在视图中选择其中一个物体，在其修改器面板参数展卷栏中调整半径1数值为0，然后降低其高度数值，如图4.21~图4.22所示。

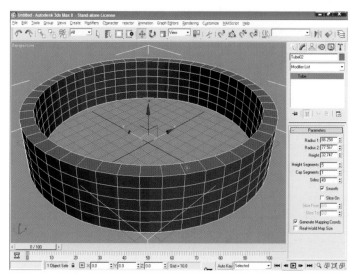

图4.20

图4.21

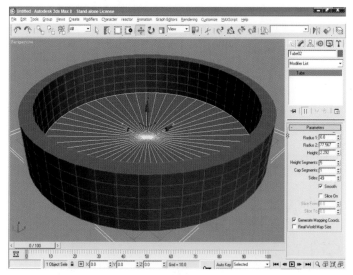

图4.22

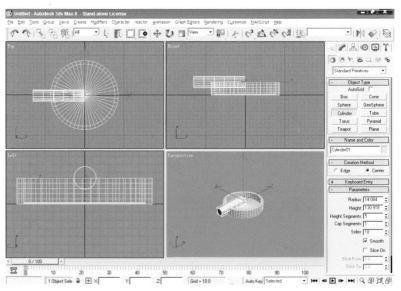

图 4.23

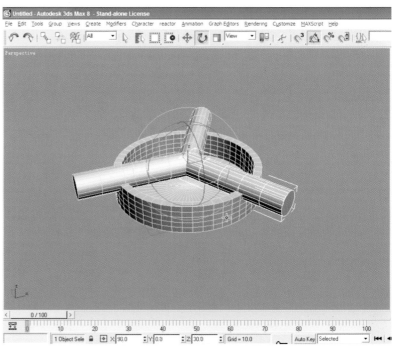

图 4.24

将物体转到侧视图上，在侧视图上建立一个圆柱体，如图4.23所示。

点击【A】键，选择角度捕捉，然后点击【Shift】键，可复制出两个圆柱体，然后各进行120°旋转，如图4.24所示。

点击鼠标右键，选择【Convert To Editable Poly】（转换为可编辑多边形），如图4.25~图4.26所示。

点击【Attach】（添加），将3个圆柱体全部选中添加，如图4.27~图4.28所示。

在◉中选择【Compound Objects】（布尔）命令，点击【Pick Operand】（拾取）操作对象B，如图4.29所示。

图4.25

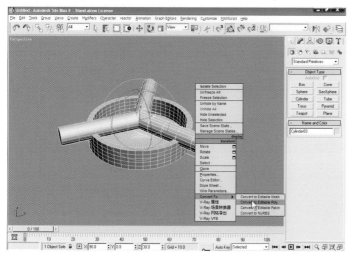

图4.26

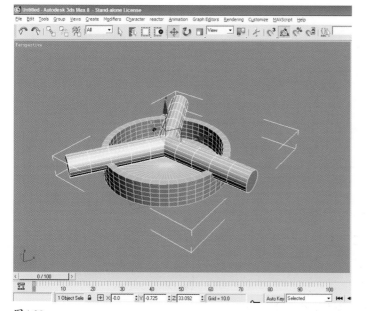

图4.28

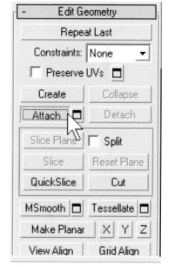

图4.27

图4.29

117

图4.30

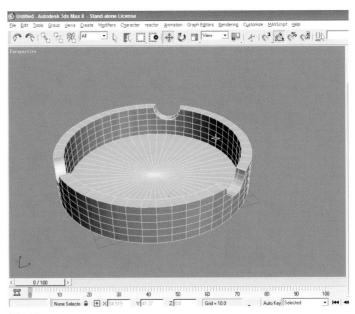

图4.31

选择【Subtraction〔B-A〕】（差集〔B-A〕），烟灰缸制作完成。如图4.30~图4.31所示。

4.2 阵列的运用

在建筑模型的制作中，【Array】（阵列）是一个重要工具，尤其是在多层及高层建筑的制作中，除顶楼、裙楼等一些特殊楼层外，往往采用只做一层，而其余楼层使用阵列等功能由系统自动创建的方法来提高制作效率。

依次单击 按钮，在视图中创建一个长方体，如图4.32所示。

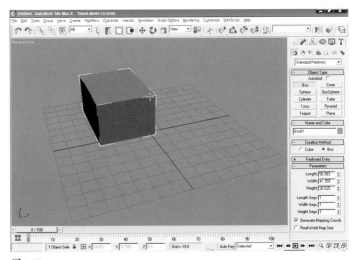

图4.32

在选中长方体状态下，对菜单栏的空白处单击右键，在弹出的工具栏中选择【Extras】（附件），会出现一个独立的小窗口，点击 ，就会弹出阵列设置窗口，如图4.33~图4.35所示。

图4.33

图4.34

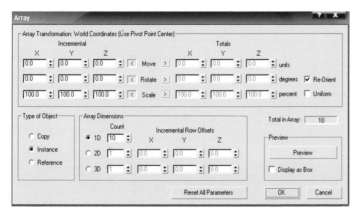

图 4.35

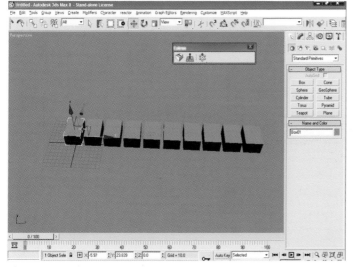

图 4.36

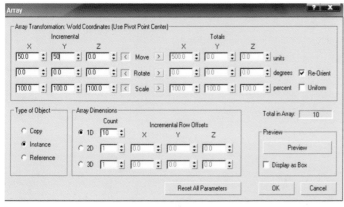

图 4.37

在弹出的对话框中【Incremental】（增量）的X轴项上输入 50，【Type of Object】（对象类型）选项中默认选择，【Array Dimensions】阵列维度1D选项值为10，最后点击【OK】，结果如图 4.36所示。

小提示：

【Incremental】的 X 轴向为复制出来多边形之间的距离，【Array Dimensions】1D 选项值为复制出来的多边形个数。

接下来我们在弹出的对话框中【Incremental】的X轴项上输入50，【Incremental】增量的 Y 轴项也输入50，其他数据保持不变，如图4.37所示。

所得出的多边形同时向两个方向平移,如图4.38所示。

上面得出的效果只是在一个平面上,接下来在【Incremental】的Z轴项再输入50,多边形成为三维阵列,多了一个向上的移动,如图4.39所示。

回到单个模型,我们在对话框【Array Dimensions】的2D选项中输入3,【Incremental Row Offsets】(增量行偏移)的Y轴项输入60,【Incremental】栏中只有X轴项输入50,如图4.40所示。

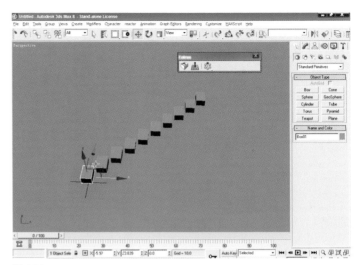

图4.38

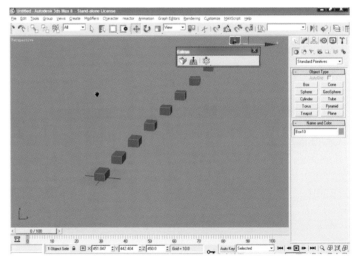

图4.39

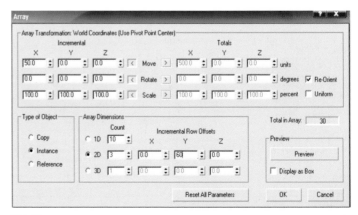

图4.40

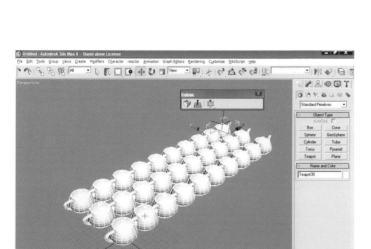

图4.41

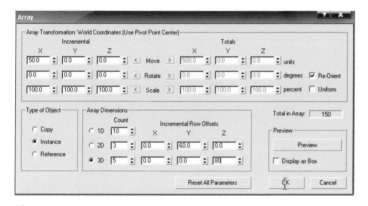

图4.42

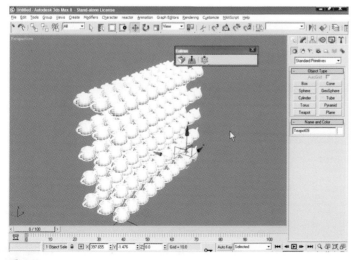

图4.43

点击【OK】，效果如图4.41所示。

上述命令可分解为编辑多边形先向X轴复制10个并移动50，再整体又向Y轴复制3列并每列移动60。

小提示：同1D效果的区别在于，2D的所有移动坐标输入值X、Y、Z都会是在1D的基础之上整体改变。

回到单个模型，在对话框的【Array Dimensions】中点选3D选项，点击后在边上的输入框中输入5，【Incremental Row Offsets】（增量行偏移）的Z轴向中输入80，其他选项和数值保持不变，如图4.42所示。

点击【OK】，效果如图4.43所示。

小提示：

在【Array Dimensions】中点选3D选项，单个模型从1D到2D再到3D，效果一步步叠加，如果在三个模式中出现坐标重叠，那么复制出来的模型会出现叠加的效果。

例：运用阵列制作旋转楼梯

STEP 1 制作楼梯板

依次单击 按钮，在视图中创建一个长方体，如图4.44所示。

点击菜单栏上的 不动，在弹出的工具条中选择 调整物体的中心在世界坐标轴上，如图4.45所示。

打开阵列参数对话框，设置如图4.46所示。

点击【OK】，得出效果如图4.47所示。

小提示：

制作旋转阵列首先要确定好阵列的多边形旋转中心轴。

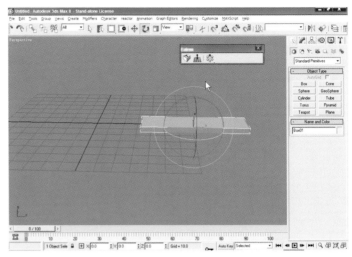

图4.44

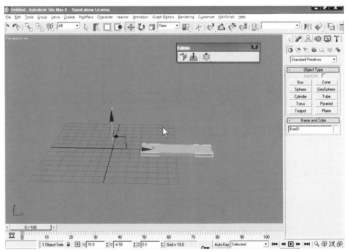

图4.45

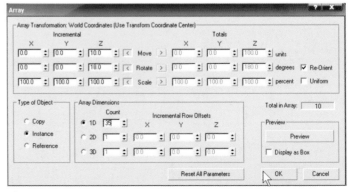

图4.46

整个过程分解为多边形沿Z轴向上移动10个单位，沿Z轴向上旋转18个单位，复制出35个物体，每一次复制出来的多边形效果不断叠加，直到最后一个。

回到顶视图，创建一个圆柱体，调整合适的大小，如图4.48所示。

STEP 2　制作栏杆

创建一个圆柱体，并勾选几何体面板中 【AutoGrid】（自动栅格），调整适合大小和位置，如图4.49~图4.50所示。

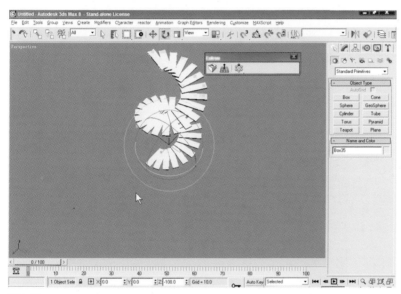

图4.47

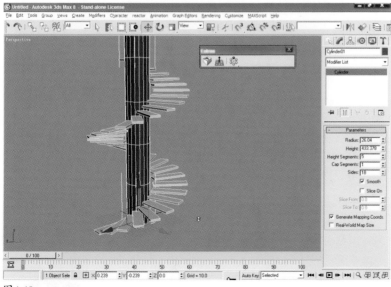

图4.48

图4.49

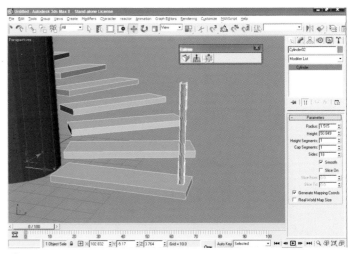

图4.50

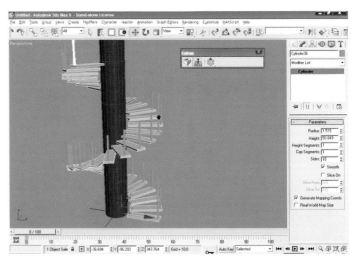

图4.51

　　单击阵列命令，调整同上制作楼梯板所设置的参数，得出阵列效果，如图4.51所示。

　　选择第一个栏杆，复制一个并平移到楼梯板的另一端，打开阵列对话框，以同上设置，得出阵列效果，如图4.52所示。

STEP 3　制作扶手

　　点击 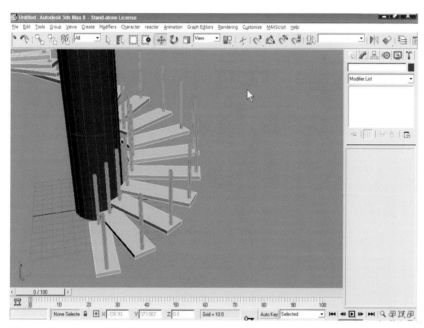 按钮，在顶视图中创建【Helix】（螺旋线），调整适合位置，点击三次左键，如图4.53所示。

图4.52

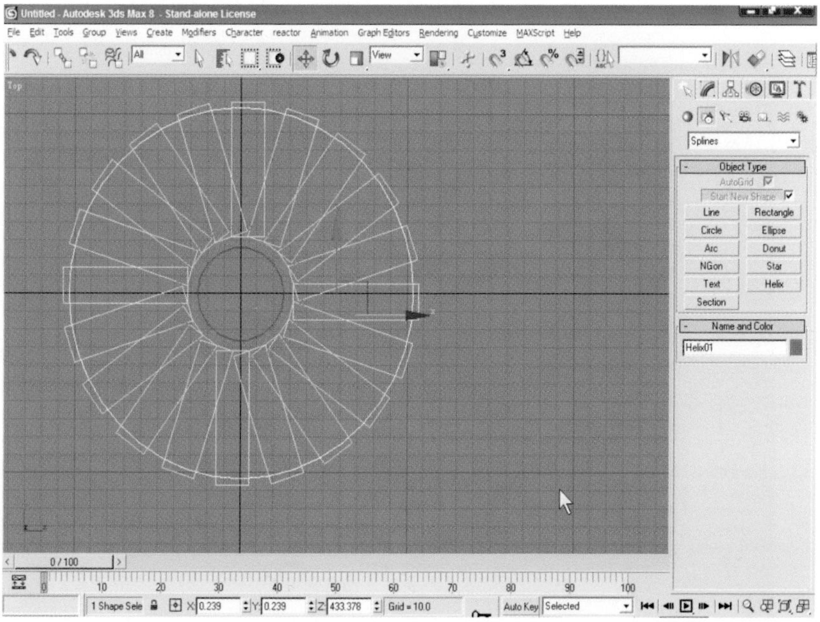

图4.53

　　调整中心为多边形自身，在修改器面板中选择合适的旋转方向和高度，打开【Rendering】（渲染），勾选【Enable In Renderer】（在渲染中启用）、【Enable In Viewport】（在视图中启用）、【Generate Mapping Coords】（生成贴图坐标）三项命令，再设置合适的【Thickness】（厚度值）和参数栏中【Turns】（圈数值），对齐头尾两端，如图4.54所示。

　　另一个扶手制作方法同上，最终效果如图4.55所示。

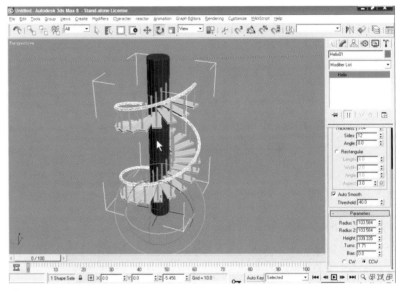

图4.54

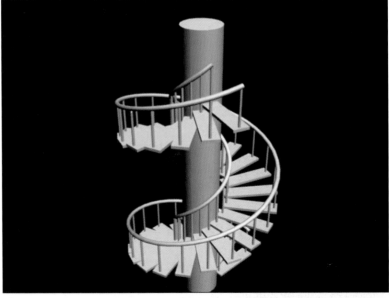

图4.55

5

材
质
与
贴
图

5 材质与贴图

5.1 材质编辑器

单击工具栏上的快捷按钮 ▦ ，可打开材质编辑器【Material Editor】，如图5.1所示。

材质编辑器主要由 三个部分构成：

（1）材质样本区域（图5.2）

在这一区域中可以看见一个个的样本槽，每个样本窗口中都有一个材质球——材质球用于在调制材质的过程中直观地预览参数调节时材质的变化。

将鼠标放在材质样本区域，单击右键，会弹出一个样本显示调节栏，如图5.3所示。

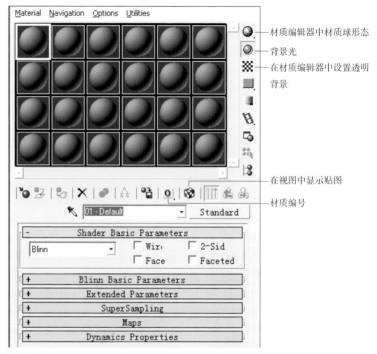

图5.1

材质编辑器中材质球形态
背景光
在材质编辑器中设置透明背景

在视图中显示贴图
材质编号

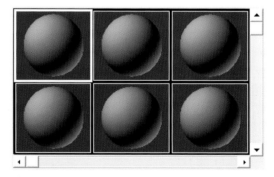

图5.2

Drag/Copy —— 拖动/复制
Drag/Rotate —— 拖动/旋转
Reset Rotation —— 重置旋转
Render Map... —— 渲染贴图
Options...
Magnify... —— 放大所选
3 X 2 Sample Windows
5 X 3 Sample Windows
6 X 4 Sample Windows

图5.3

（2）工具栏

材质编辑器样本区域的下方和右方分别有一排（列）工具按钮（图5.1）：

● 样本的显示形状选择；

● 背景光显示；

▨ 背景色显示，可辅助透明材质；

● 材质编辑器选项，单击此图标，在弹出的对话栏中调节【Ambient Light】（环境灯光），可更改样本的基础显示颜色；

● 在场景中已赋材质在物体上的显示；

● 将材质赋予所选的对象；

● 样本图平铺或包裹显示；

● 复制材质球；

✕ 删除所选材质球；

● 材质与贴图浏览器。

（3）材质调节区域

材质编辑器的最下方是材质调制区域，如图5.1所示，包括如下参数：

Shader Basic Parameters　明暗模式基本参数

Blinn Basic Parameters　相应明暗模式下材质的基本参数

Extended Parameters　扩展参数

Super Sampling　超级取样

Maps　贴图

Dynamics Properties　动力学属性

其中，"明暗模式基本参数"、"扩展参数"、"贴图参数"是材质调节的重点，应能熟练控制。

① Shader Basic Parameters，明暗模式基本参数

如图5.4，在左边下拉列表框中包含了8种明暗模式：

Anisotropic（各向异性）：这种明暗模式可以控制高光的形状与角度（比如可调节出椭圆或线状高光），适合模拟具有反光异向性的材料，如玻璃、头发、经刮削后的金属表面以及光亮的汽车漆等。

Blinn与Phong：这两类明暗模式属最常用的类型，能较好地模拟高光至阴

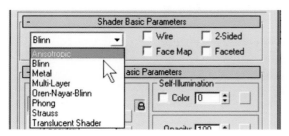

图5.4

影区自然色彩变化的材质效果。它们可以调制出绝大多数实用材质。区别在于：Blinn模式相对圆滑、高光更强一些，更适合调节出偏向金属质感的材质；而Phong模式的高光边缘相对混沌一些，适合调节偏向塑料质感的材质。

Multi-Layer（多层）：这一模式与Anisotropic类似，高光的形状和方向均可调节，但Multi-Layer明暗模式具有两层高光和两套高光控制参数，可生成更为复杂的高光效果，适于调节一些光滑且有层次的表面效果，如高级跑车的表面等。

Metal（金属）：这是专门用于模拟金属材质的明暗模式。Metal材质表面的高光情况和高光颜色形成与其他类型的材质区别较大，这一明暗模式为之提供了较好的优化、支持。

Oren-Nayar-Blinn：这一模式与Blinn模式类似，但专门提供了Diffuse Level（漫反射强度）和Roughness（粗糙）的控制参数，常用于制作布料、陶器等表面具有一定的粗糙且反射效果不明显的材质。

Strauss：一般用于生成金属材质。

Translucent Shader：主要用于制作半透明材质效果。

除以上明暗模式下拉列表框中的内容外，明暗模式栏还有4个参数设置：Wire（线框材质）、2-Sided（双边材质）、Face Map（小面贴图）和Faceted（块面化）。

Wire（线框材质）：选中该选项后，多边形产生线框材质，被赋予这种材质的物体在渲染时将显示出网格线框，如图5.5所示。

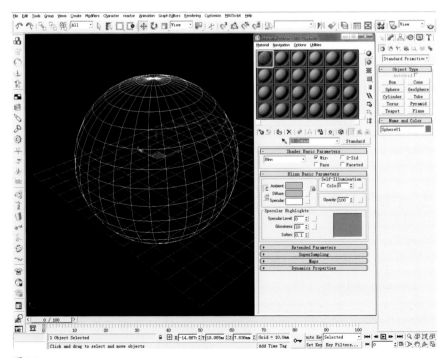

图5.5

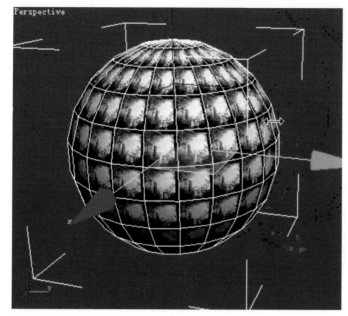

图5.6

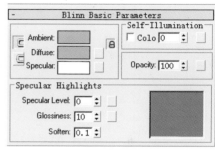

图5.7

2-Sided（双边材质）：选中该选项，会使材质具有双边属性，它可强制使得一个面片（正常状态下，由于法线原因只有一个表面可见）的正反两个表面都可见。

Face Map（小面贴图）：选中该选项，贴图将按段数分配，这里段数的多少决定同一张贴图的数量，如图5.6所示。

Faceted（块面化）：将材质以面的形式赋予对象。

小提示：

如果需要删除现有贴图，可在其他未贴图选项处拖曳空白方框至已有贴图上即可。

② Blinn Basic Parameters，相应明暗模式下材质的基本参数

这一卷展栏下的具体参数与上一明暗模式参数卷展栏中明暗的选择有关联，这一栏是上一栏选择的材质球调节属性，在此以Blinn为例，如图5.7所示，各参数含义如下：

Ambient（环境色）：即阴影区颜色。

Diffuse（漫反射颜色）：即过渡区颜色。

Specular（高光区颜色）：模拟物体高光色。

Specular Level（高光强度）：控制高光强度。

Glossiness（光泽度）：用控制高光区域的大小。

Soften（软化）：此项使用较少，主要用于调节高光区与漫反射区间的过渡。

Self-Illumination（自发光）：勾选Color则为开启自发光效果。

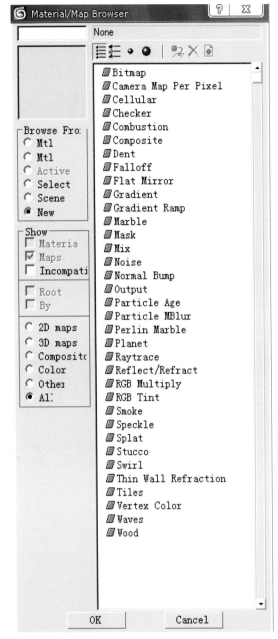

图5.8

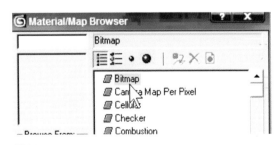

图5.9

5.2 贴图

单击【Diffuse】（漫反射颜色）边上的小方框，将弹出一个贴图对话框，如图5.8所示。

在贴图对话框中有图标，分别为贴图节点的不同显示方式。

下面我们以【Bitmap】（位图）为例设置贴图。单击【Bitmap】，在弹出的对话框中指定一张图片，如图5.9~图5.10所示。

图5.10

在设置好贴图后，赋予给创建的多边形，单击材质样本区域下面的图标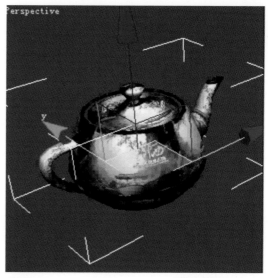，显示材质在物体上的效果，得出贴图效果如图5.11所示。

接着我们打开材质编辑器【Material Editor】，在材质调节区域展开【Coordinates】展卷栏（如果找不到【Coordinates】就找到【Diffuse】，点击边上的M小方框即可），如图5.12所示。

小提示：

单击图标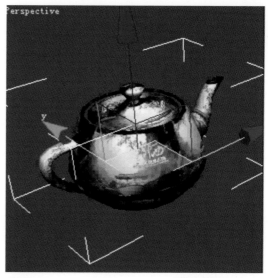，可回到材质球的基本设置栏，当前为【Diffuse】的子一级展卷栏。

在这里重点说明下【Texture】（纹理）选项中的一些设置。

【Offset】偏移模式：此项调节贴图在U（纵向或左右）和V（横向或上下）两个方向上的偏移。

【Tiling】重复模式：此项设置贴图在U、V两个方向上的重复次数，在制作地板、地砖效果时常用到，如图5.13所示。

【Mirror】镜像模式：此项设置，可使位图产生镜像。

图5.11

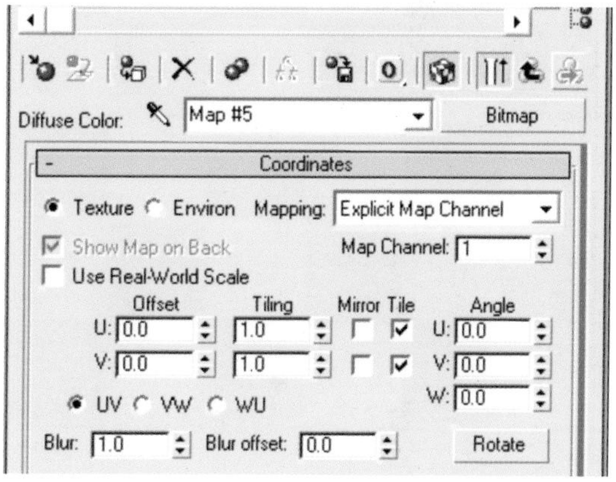

图5.12

图5.13

【Tile】表面重复模式：此项可将位图在材质表面产生重复贴图。

【Angle】角度模式：旋转贴图，如图5.14~图5.15所示。

【Blur】模糊模式：用于使贴图产生一定程度的模糊，如图5.16所示。

【Blur Offset】模糊偏移模式：用于对整个位图的虚化，如图5.17所示。

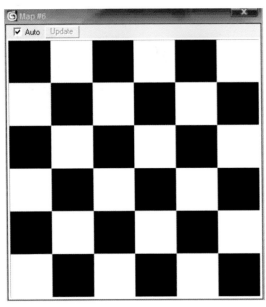

图5.14　【Angle】效果前

图5.15　【Angle】效果后

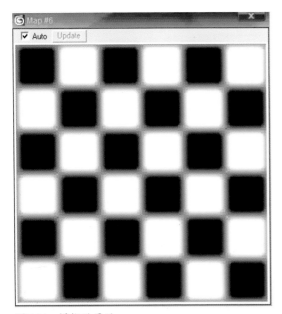

图5.16　模糊效果后

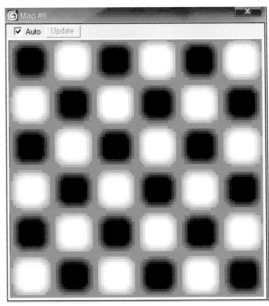

图5.17　模糊偏移效果后

5.3 常用材质的应用

5.3.1 Blend（混合材质）

　　在场景中创建一个任意多边形，打开材质编辑器窗口，选择一个未使用的样本球，使用【Blinn】明暗模式，单击默认状态下的【Standard】，在弹出的材质与贴图浏览器对话框中双击【Blend】，再在接着弹出的对话框中任意选择一项单击【OK】，此时材质编辑器展卷栏进入了混合模式，如图5.18所示。

　　【Blend】命令常用于两种材质的混合或叠加，其中，【Mask】为遮罩，【Max Amount】为两种材质的混合值，数值范围为0~100，数值越小则最终材质效果偏向【Material】材质球1，数值越大则最终材质效果偏向【Material】材质球2。

　　在这个展卷栏中我们要注意【Mask】（遮罩）的应用，例如：在【Blend】中设置两个不同的材质，分别为金属和透明材质，再单击【Mask】边上的【None】，选择一张黑白的图片做为遮罩（通道图），如图5.19所示。

图5.19

5.3.2 Multi/Sub-Object(多维/子材质)

　　同上新建多边形，打开材质编辑器窗口，赋予一个未使用的样本球，使用【Blinn】明暗模式，单击默认状态下的【Standard】，在弹出的材质与贴图浏览器对话框中双击【Multi/Sub-Object】，再在接着弹出的对话框中任意选择一项单击【OK】，此时材质编辑器展卷栏进入了多维/子材质模式，如图5.20所示。

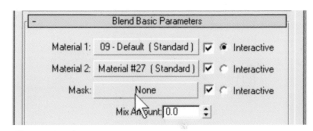

图5.18

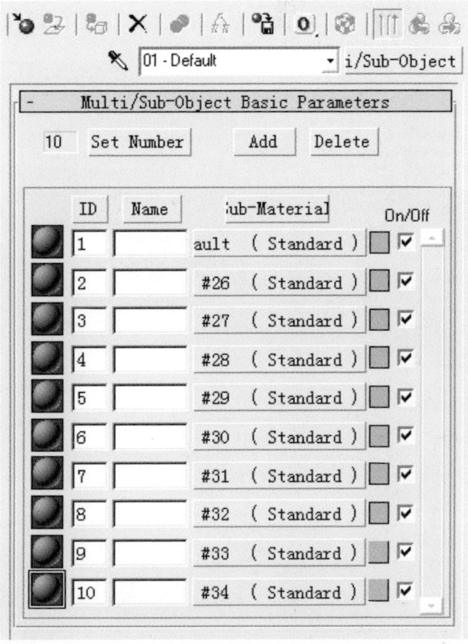

图5.20

135

将场景中的物体转换为可编辑多边形，选择任意部分多边形的面，再在修改器展卷栏中选择面级别，向下拖动展卷栏，找到【Polygon Properties】（多边形属性）栏，在多边形属性栏的【Material】（材质）中设置ID值，不同的数值可以把一个多边形换上若干种材质。如图5.21所示。

小提示：

所设置的 ID 数值与上面材质编辑器展卷栏中的 【Multi/Sub-Object Basic Polygon Properties】 列表下的材质球相关联。

5.3.3　Architectural（建筑材质）

打开材质编辑器窗口，将场景中物体赋予一个未使用的样本球，再使用【Blinn】明暗模式，单击默认状态下的【Standard】，在弹出的材质与贴图浏览器对话框中双击【Architectural】，单击【OK】，此时材质编辑器展卷栏进入了建筑材质模式，如图5.22所示。

点击【Templates】模板展卷栏中的【User Defined】（用户定义），可选择不同材质模式，如图5.23所示。

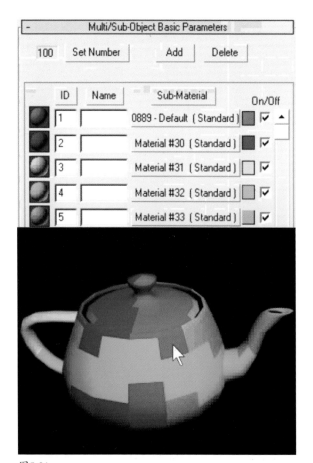

图5.21

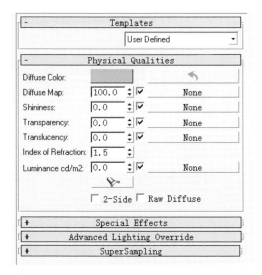

图5.22

图5.23

5.4 金属材质的详解

在一个新建视图中，创建一个多边形物体，再打开材质编辑器，赋予金属材质，如图5.24所示。

展开材质调节展卷栏，我们看到它的【Specular Highlights】（高光设置）部分，可以设置出两种不同的高光分布，如图5.25所示设置参数值，得到中心点强烈突出的对比效果，如图5.26所示。如图5.27所示。设置参数值，得到的是高光圆环状，如图5.28所示。

小提示：

一个金属物体，如果没有环境给它反射，那么基本上它本身的颜色会是黑色。金属材质需要环境来体现它。

5.4.1 制作环境

我们在视图中可以运用普通贴图代替一个环境。

具体操作为：在菜单栏上选择【Render】（渲染）→【Environment】（环境）(快捷键0)，在弹出的对话框中，勾上【Use Map】（使用贴图），再指定

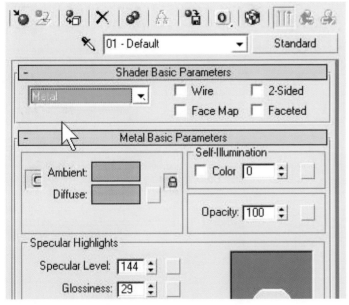

图5.24

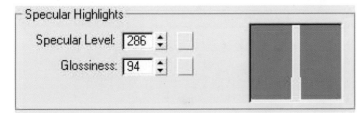

图5.25

图5.26

图5.27

图5.28

一张贴图，如图5.29所示。

将环境贴图拖曳到材质编辑器中未使用的材质球上，在弹出的对话框中选择默认，让它们产生一个关联，如图5.30所示。

关联后，材质调节展卷栏将随之更改。打开它的坐标显示模式，如图5.31所示，包括如下几种：

Spherical Environment　球形环境模式

Cylindrical Environment　圆柱形环境模式

Shrink-wrap Environment　物体形包裹模式

Screen　屏幕大小平铺模式

5.4.2　开启物体的反射

在材质调节展卷栏中的【Map】（贴图）中勾选【Reflection】（反射），反射贴图类型选择【Raytrace】（光线跟踪），如图5.32所示。

在【Mapping】窗口中选择【Screen】，得出的环境贴图效果将平铺在物体后面，如图5.33所示。

在窗口中选择【Spherical Environment】，得出的环境贴图效果为球形环境模式，如图5.34所示。

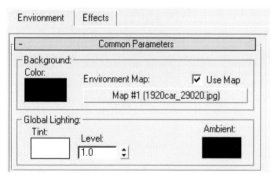

图5.29

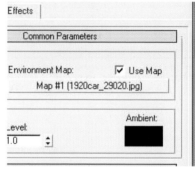

图5.30

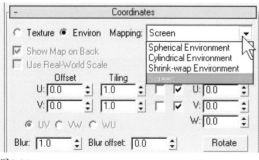

图5.31

图5.32

图5.33

在设置金属材质效果时可以加大反光、固有色、光高强度、光高范围的设置，如图5.35所示。

渲染场景，效果如图5.36所示。

5.4.3　V-Ray 渲染器的简单运用

单击标准工具栏中的按钮 （快捷键为【F10】），在弹出的渲染场景对话框中找到【Common】（公用）选项卡，展开【Assign Renderer】指定渲染器展卷栏，点击【Production】（产品级）后的按钮 ⋯ ，在弹出的【Choose Renderer】（选择渲染器）对话框中选择【V-Ray Adv 1.5RC3】渲染器，点击确定按钮，如图5.37所示。

打开材质编辑器，选择一个空材质，赋予多边形。在材质编辑器中点击【Standard】，打开材质与贴图浏览器窗口，选择【VrayMtl】，如图5.38所示。

图5.36

图5.34

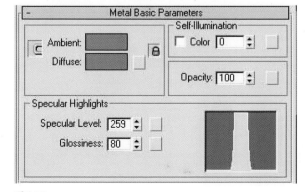

图5.35

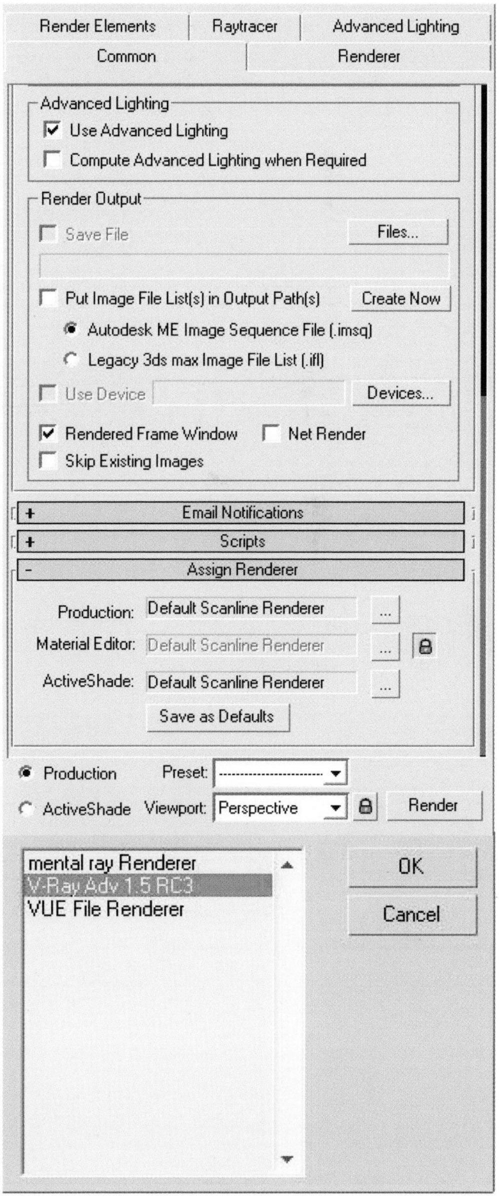

图5.37

选择【VrayMtl】（材质）模式，如图5.39所示。

小提示：

基本参数展卷栏中的漫射和反射边上的黑白调节直接关系材质的强与弱。

将漫射加暗或减弱（金属材质本身没有主色，依靠反射得到颜色），反射加亮或加强，如图5.40所示。

前面讲到金属材质效果依靠环境体现，在菜单栏上选择【Render】（渲染）—【Environment】（环境，快捷键0），在弹出的对话框中，勾上【Use Map】（使用贴图），再指定一张HDRI贴图，将【Environment】（环境贴图）拖曳到材质编辑器中未使用的材质球上，如图5.41~图5.42所示。

图5.38

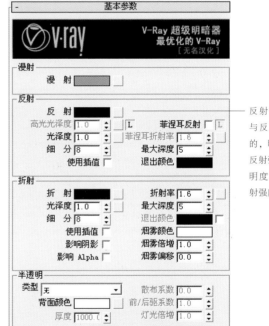

图5.39

反射的明度是与反射值对应的，明度越高，反射强度越高；明度越低，反射强度越低

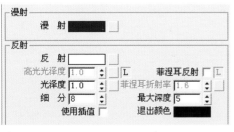

图5.40

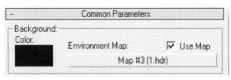

图5.41

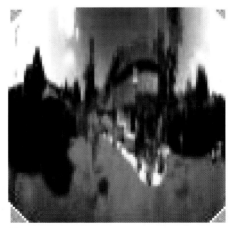

图5.42

将贴图坐标显示改为【Spherical Environment】（球形环境模式），如图5.43所示。

渲染场景，如图5.44所示。

5.4.4 金属材质模型上的体现方法

新建场景，创建四个不同的多边形，如图5.45所示。

将所有物体赋予同一个【Blinn】材质，如图5.46所示。

按快捷键【F8】，打开背景设置，添加一张HDRI贴图，再把HDRI贴图拖曳到一个空材质球上，与其产生关联，如图5.47~图5.48所示。

将贴图坐标显示改为【Shrink-wrap Environment】（以物体形包裹）模式，如图5.49所示。

在材质调节展卷栏中的【Map】（贴图）中勾选【Reflection】（反射），反射贴图类型选择【Raytrace】（光线跟踪），如图5.50所示。

图5.45

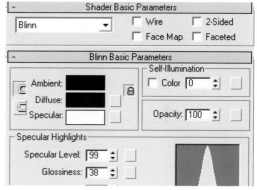

图5.46

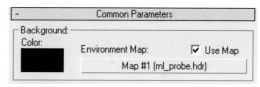

图5.47

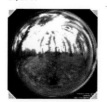

图5.48

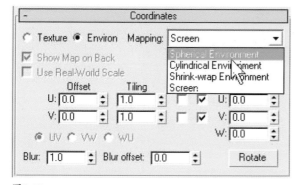

图5.43

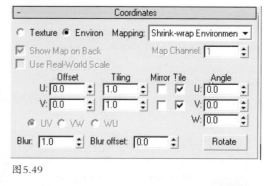

图5.49

图5.44

图5.50

图 5.51

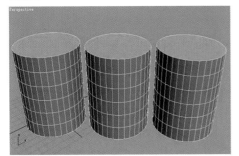

图 5.52

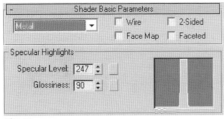

图 5.53

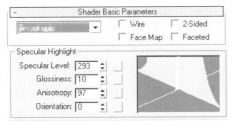

图 5.54

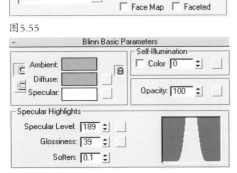

图 5.55

图 5.56

渲染场景，如图5.51所示。

在渲染金属材质时，大部分工业产品的边缘都有一定的倒角，有一块反射出高光面。留出这样一块面，表现效果更佳。

5.4.5 金属材质不同材质类型的体现

新建场景，创建三个圆柱体，如图5.52所示。

赋予三个不同的材质，分别为【metal】、【Anisotropic】、【Blinn】，如图5.53~图5.56所示。

新建一盏灯，依次单击 、 ，选择【Omin】泛光灯，得出效果如图5.57所示。

渲染场景，得出效果如图5.58所示。

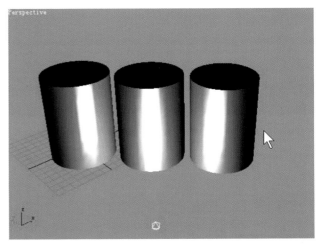

图 5.57

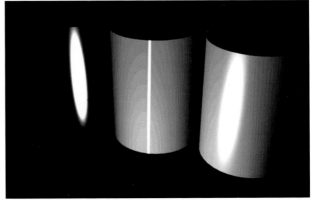

图 5.58

5.4.6 Falloff（衰减）材质运用

在场景中创建一个多边形，赋予一个空材质，在不透明度上添加一个【Falloff】（衰减），并调节【Diffuse】（漫反射）、【Ambient】（环境色）、【Color】（自发光），如图5.59所示。

渲染效果如图5.60所示。

5.4.7 玻璃/水材质效果

①新建场景，创建一个圆球体，赋予一个空材质球，并改为【Architectural】（建筑）材质，在建筑材质【Templates】下更改为【Water】（水）材质，如图5.61所示。

再给场景添加一张背景，按【F8】打开背景设置，选择一张HRDI贴图，再把HRDI贴图拖曳到一个空材质球上与其产生关联，更改坐标显示模式，渲染效果如图5.62所示。

调节HRDI贴图【Output】（输出）参数值，增加场景整体亮度，如图5.63所示。

水材质渲染效果如图5.64所示。

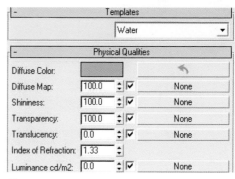

图5.61

图5.62

图5.63

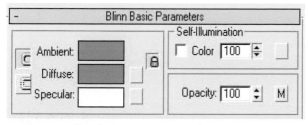

图5.59

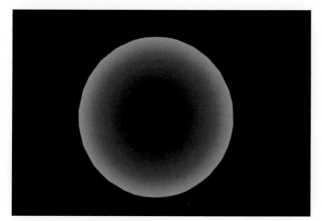

图5.60

图5.64

②将多边形另外赋予一个空材质，在【Blinn】明暗模式下更改【Opacity】（不透明度）为25、【Specular Highlights】（高光强度）为126、【Glossiness】（高光范围）为68，如图5.65所示。

渲染效果如图5.66所示。

打开折射和反射，单击【Maps】（贴图），勾选【Refraction】（折射），点击【None】进入材质与贴图编辑器，选择【Raytrace】（光线跟踪），渲染效果如图5.67所示。

小提示：

一般情况下，水材质都会有折射效果，透过它的物体都会产生形变。

5.4.8 Index of Refraction （折射率）

折射率指的是光线穿过透明物体时被弯曲的程度。折射是在光线从一种介质进入另一种介质时发生的，如从空气进入玻璃，离开水进入空气。折射率和两种介质有关。

在材质调节区域单击【Extended Parameters】（扩展参数），设置【Index of Refraction】（折射率），如图5.68~图5.71所示。

最终合适值为2，渲染效果如图5.72所示。

小提示：

折射率值为1时，光线呈直线传播，折射率大于1，通过折射后的物体就发生形变。

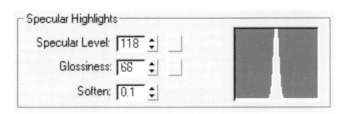

图5.65

图5.66

图5.67

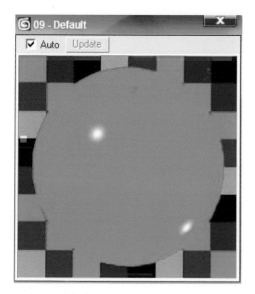

图5.68 折射率1

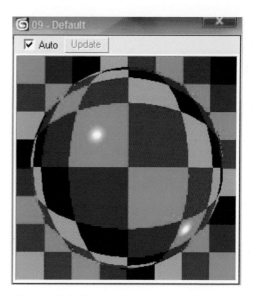

图5.69 折射率1.5

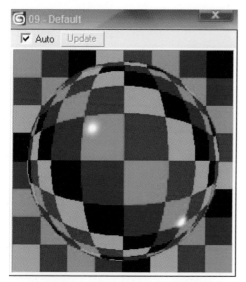

图5.70 折射率2

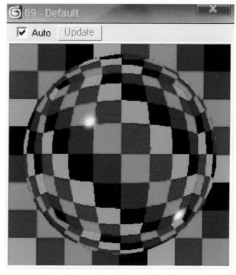

图5.71 折射率5

图5.72 折射率2